科学第一视野
KEXUEDIYISHIYE

[权威版]

废物利用

FEIWULIYONG

中国出版集团
现代出版社

图书在版编目（CIP）数据

废物利用 / 杨华编著 . — 北京：现代出版社，2013.1

（科学第一视野）

ISBN 978-7-5143-1022-1

Ⅰ.①废… Ⅱ.①杨… Ⅲ.①废物综合利用 – 青年读物②废物综合利用 – 少年读物 Ⅳ.① X705-49

中国版本图书馆 CIP 数据核字 (2012) 第 292933 号

废物利用

编　著	杨　华	
责任编辑	刘春荣	
出版发行	现代出版社	
地　址	北京市安定门外安华里 504 号	
邮政编码	100011	
电　话	010-64267325　010-64245264（兼传真）	
网　址	www. xdcbs. com	
电子信箱	xiandai@ cnpitc. com. cn	
印　刷	汇昌印刷（天津）有限公司	
开　本	710mm×1000mm　1/16	
印　张	10	
版　次	2014 年 12 月第 1 版　2021 年 3 月第 3 次印刷	
书　号	ISBN 978-7-5143-1022-1	
定　价	29.80 元	

前言 PREFACE

有一句话是这样说的：世上没有废物，废物只是放错了地方的资源。这句话有着深刻的道理，废物是相对而言的，是相对那些在某些领域或某些方面有着明显利用价值的物质来说的，在一定的条件和手段下，废物完全可以转变为有突出利用价值的物质，重新被人们利用，实现价值大转换。

实际上，废物的处理和利用有着悠久的历史。我国先人早在春秋战国时期就兴建了厕所积肥；印度等亚洲国家自古以来也有利用粪便和垃圾堆肥的习俗。早在公元前 3000 至前 1000 年，古希腊米诺斯文明时期，古希腊人就有将垃圾埋坑覆土的处理办法。

进入 20 世纪，社会生产力快速发展，人口也迅速向城市集中，废物排放量迅速增加，这导致了一系列的环境问题的发生，田地被侵占，土壤被污染，空气和水体质量变差，公害事件一再发生，人们的身心健康受到了极大的伤害。由此，废物处理和废物利用被世界大多数国家，特别是发达国家所重视，人们开始投入巨大财力研究相关现象和解决之道。时至今日，经过不懈的探索和尝试，污染防治和废物利用技术发展迅速，大体形成一系列处理方法，单就废物利用方面来讲，已经有了初步的成绩。首先，各国出台了一系列的法令法规，如，美国 1965 年制定了废物处理法，1970 年修订成《资源回收法》，

1976 年又修订为《资源保护再生法》；西欧共同体商工委员会于 1978 年建立废物交换市场。北欧的瑞典、丹麦、芬兰和挪威建立了北欧废物交换所，促进了废物资源化的发展。我国 1979 年出台颁布了《中华人民共和国环境保护法（试行）》，如今这项法规已经成为我国的基本国策。

废物的再生利用有着巨大的现实意义，从两个方面来讲，一方面避免了环境污染的问题，空气重新变得清新，水体重新变得澄清，人们的身心健康得到了保护，取得了巨大的生态效益。另一方面，废物利用的资源化，节省了社会资源，避免了大量的浪费，从这一方面讲取得了巨大的社会效应和经济效益。

当然，我们也要注意到，废物利用是一项涉及事项多，技术难度大的长期事业，需要世界各国联合起来，相互协作，互相配合，才能取得胜利，一句话概括，人类的废物利用事业任重而道远。

Contents

目录 >>

废物利用

第三章　**农业废物的利用**

第四章　**工业废物的利用**

第五章 **废物利用 DIY**

第一章

关于废物与废物利用

废物是泛指人类一切活动过程产生的，且对所有者已不再具有使用价值而被废弃的物质。生活中很多废物都是相对而言的，是相对无用的物质，而并不是真的毫无利用价值。废物在一定的条件和方法下，会变得有价值，重新被利用，这就是所谓的废物利用。废物与废物利用会随着社会的发展，科技文明的进步，而会被重新界定。废物利用是一项利国利民的举措，事关生产、生活的多个领域，因此，世界绝大多数国家都在积极开展废物利用的研究和应用。

什么是废弃物

严格来讲，废弃物是指在生产建设、日常生活和其他社会活动中产生的，在一定时间和空间范围内基本或者完全失去使用价值，无法回收和利用的排放物。

废弃物主要包括城市垃圾、工业和城市建筑工程排出的废渣及少量废水。废弃物的分类有多种：按来源分为矿业废物、工业废物、城市垃圾、农业废物和放射性废物等；按形状分为固体的（颗粒状废物、粉状废物、块状废物）废弃物和泥状的（污泥）废弃物；按化学性质分为有机废物和无机废物；按危害程度分为有害废物和一般废物。

废弃物

物和无机废物；按危害程度分为有害废物和一般废物。

废弃物对环境有极大的污染，具体污染表现在：①污染水体，如垃圾、废渣随地表径流进入

■图与文

如垃圾、废渣随地表径流进入地面水体，垃圾、废渣中的渗漏水通过土壤进入地下水体，细颗粒固体废物随风飘扬落入地面水体。

地面水体；垃圾、废渣中的渗漏水通过土壤进入地下水体；细颗粒固体废物随风飘扬落入地面水体；将废物直接倒入湖泊、河流和海洋等。②污染大气，如细颗粒的废物随风扩散到大气中，固体废物本身或者在焚化时散发毒气和臭气等。③污染土壤，如固体废物及其渗出液和滤沥所含的有害物质进入土壤，改变土壤性质和结构，影响土壤微生物活动，有碍植物根系生长。

需要特别说明的一点是，随着天然资源的日渐短缺和固体废物排放量的激增，许多国家把固体废物作为开发的"再生资源"加以综合利用。废弃物不再是百害而无一利。

工业"三废"是什么

"工业三废"是指工业生产所排放的"废水、废气、固体废弃物"。

"工业三废"中含有多种有毒、有害物质，若不经妥善处理，如未达到规定的排放标准而排放到大气、水域或土壤中，超过环境自净能力的容许量，就会对环境产生了污染，破坏生态平衡和自然资源，影响工农业生产和人民健康。污染物在环境中发生物理的和化学的变化后就又产生了新的物质。这些新物质好多都是对人的健康有危害的。这些物质通过不同的途径（呼吸道、消化道、皮肤）进入人的体内，有的直接产生危害，有的还有蓄积作用，会更加严重的危害人的健康。

拿废气来说，工业废气包括：二氧化碳、二硫化碳、硫化氢、氟化物、氮氧化物及生产性粉尘，这些工业废气排入大气，无疑会污染空气。

工业废水主要是指各种工矿企业排放的含有化学物质的生产用水，这些工业废水排入江河湖海，会导致水质败坏，破坏水产资源和影响生活和生产用水。

■图与文

工业废水造成的污染主要有：有机需氧物质污染、化学毒物污染、无机固体悬浮物污染、重金属污染、酸污染、碱污染、植物营养物质污染、热污染、病原体污染等。许多污染物有颜色、臭味或易生泡沫。

固体废弃物主要是指工矿企业生产后的遗弃的"废渣"，包括：高炉矿渣、钢渣、纷煤灰、硫铁灰、电石渣、赤泥、白泥、洗煤泥、硅锰渣、铬渣等。这些工业"废渣"堆放场所，一方面污染水源、土壤以及大气，另一方面侵占农田。

触目惊心的公害事件

公害事件是指因环境污染造成的在短期内人群大量发病和死亡的事件。而环境污染则多半是由废弃物引起致的。

公害事件按发生原因可分为：

（1）大气污染公害事件，是由于煤和石油燃烧排放的大气污染物造成的。如英国伦敦烟雾事件、英国格拉斯哥烟雾事件、美国多诺拉烟雾事件；日本横滨哮喘病事件、日本四日市哮喘事件、美国新奥尔良市哮喘病事件；美国、日本、德国、加拿大、澳大利亚、荷兰等国发生的光化学烟雾事件等。

（2）水污染公害事件，是由于工业生产把大量化学物质排入水体造成的。如日本的水俣病事件。

（3）土壤污染公害事件，是由于工业废水、废渣排入土壤造成的。如

含镉工业废水引起的日本富山县的痛痛病事件。

（4）食物污染公害事件，是由于有毒化学物质（食品添加剂）和致病生物等进入食品造成的。如日本的米糠油事件。

（5）核泄漏污染公害事件，是核废液泄漏污染大气、河水和土壤等引起的灾害。

历史上曾发生过多起公害事件，就是这些废物引起的灾难。

洛杉矶事件 〉〉〉

洛杉矶是美国西部太平洋沿岸的一个海滨城市，前面临海，背后靠山。原先风光优美，常年阳光明媚，一年只有几天下雨，气候温和。美国电影中心——好莱坞就设在它的西北郊区。洛杉矶南郊约 100 千米处的圣克利门蒂是美国西部白宫。

但是，自从 1936 年在洛杉矶开发石油以来，特别是二次世界大战后，洛杉矶的飞机制造和军事工业迅速发展，洛杉矶已成为美国西部地区的重要海港，工商业的发达程度仅次于纽约和芝加哥，是美国的第三大城市。随着工业发展和人口剧增，洛杉矶在 20 世纪 40 年代初就有就有汽车 250 万辆，每天消耗汽油 1600 万升。到 20 世纪 70 年代，汽车增加到 400 多万辆。市内高速公路纵横交错，占全市面积的 30%，每条公路通行的汽车每天达 16.8 万次。由于汽车漏油、汽油挥发、不完全燃烧和汽车排气，每天向城市上空排放大量石油烃废气、一氧化碳、氧化氮和铅烟（当时所用汽车为含四乙基铅的汽油）。这些废弃物，在阳光的作用下，特别是在 5 月份至 10 月份的夏季和早秋季节的强烈阳光作用下，发生光化学反应，生成淡蓝色光化学烟雾。这种烟雾中含有臭氧、氧化氮、乙醛和其他氧化剂，滞留市区久久不散。1955 年 9 月，由于大气污染和高温，使烟雾的浓度高达 0.65pPm。在两天里，65 岁以上的老人死亡四百余人，为平时的三倍多。许多人眼睛痛、头痛、呼吸困难。

多诺拉事件 >>>

多诺拉是美国宾夕法尼亚州的一个小镇，位于匹兹堡市南边30千米处，有居民1.4万多人。多诺拉镇坐落在一个马蹄形河湾内侧，两边高约120米的山丘把小镇夹在山谷中。多诺拉镇是硫酸厂、钢铁厂、炼锌厂的集中地，多年来，这些工厂的烟囱不断地向空中喷烟吐雾。

1948年10月26—31日，持续的雾天使多诺拉镇看上去格外昏暗。气候潮湿寒冷，天空阴云密布，一丝风都没有，空气失去了上下的垂直移动，出现逆温现象。在这种死风状态下，工厂的烟囱却没有停止排放，就像要冲破凝住了的大气层一样，不停地喷吐着烟雾。

两天过去了，天气没有变化，只是大气中的烟雾越来越厚重，工厂排出的大量烟雾被封闭在山谷中。空气中散发着刺鼻的二氧化硫气味，令人作呕。空气能见度极低，除了烟囱之外，工厂都消失在烟雾中。随之而来的是小镇中6000人突然发病，症状为眼病、咽喉痛、流鼻涕、咳嗽、头痛、四肢乏倦、胸闷、呕吐、腹泻等，其中有20人很快死亡。死者年龄多在65岁以上，大都原来就患有心脏病或呼吸系统疾病，情况和当年的马斯河谷事件相似。

这次的烟雾事件发生的主要原因，是由于小镇上的工厂排放的含有二氧化硫等有毒有害物质的气体及金属微粒在气候反常的情况下聚集在山谷中积存不散，这些毒害物质附着在悬浮

笼罩在多诺拉上空的烟雾

颗粒物上，严重污染了大气。人们在短时间内大量吸入这些有毒害的气体，引起各种症状，以致暴病成灾。

水俣病事件 >>>

日本熊本县水俣湾外围是一个海产丰富的内海，是渔民们赖以生存的主要渔场。水俣镇是水俣湾东部的一个小镇，有4万多人居住，周围的村庄还（居）住着1万多农民和渔民。

1925年，日本氮肥公司在这里建厂，后又开设了合成醋酸厂。1949年后，这个公司开始生产氯乙烯，年产量不断提高，1956年超过6000吨。与此同时，工厂把没有经过任何处理的废水排放到水俣湾中。

1956年，水俣湾附近发现了一种奇怪的病。这种病症最初出现在猫身上，被称为"猫舞蹈症"。病猫步态不稳，抽搐、麻痹，甚至跳海死去，被称为"自杀猫"。随后不久，此地也发现了患这种病症的人。患者由于脑中枢神经和末梢神经被侵害，轻者口齿不清、步履蹒跚、面部痴呆、手足麻痹、感觉障碍、视觉丧失、震颤、手足变形，重者神经失常，或酣睡，或兴奋，身体弯弓高叫，直至死亡。这种"怪病"就是日后轰动世界的"水俣病"，是最早出现的由于工业废水排放污染造成的公害病。

图与文

水俣病患者手足协调失常，甚至步行困难、运动障碍、弱智、听力及言语障碍、肢端麻木、感觉障碍、视野缩小；重者例如神经错乱、知觉失调、痉挛，最后死亡。

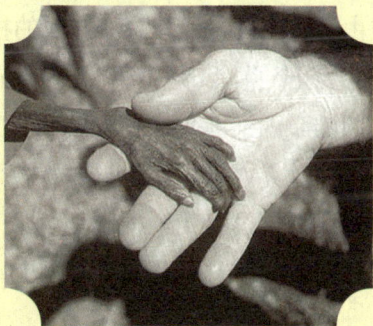

核泄漏事件 >>>

切尔诺贝利核电站位于前苏联基辅市北 130 千米的地方，是前苏联 1973 年开始修建，1977 年启动的最大的核电站。

1986 年 4 月 25 日，切尔诺贝利核电站的 4 号动力站开始按计划进行定期维修。然而由于连续的操作失误，4 号站反应堆状态十分不稳定。1986 年 4 月 26 日对于切尔诺贝利核电站来说是悲剧开始的日子。凌晨 1 点 23 分，两声沉闷的爆炸声打破了周围的宁静。随着爆炸声，一条 30 多米高的火柱掀开了反应堆的外壳，冲向天空。反应堆的防护结构和各种设备整个被掀起，高达 2000℃的烈焰吞噬着机房，熔化了粗大的钢架。携带着高放射性物质的水蒸气和尘埃随着浓烟升腾、弥漫，遮天蔽日。虽然事故发生 6 分钟后消防人员就赶到了现场，但强烈的热辐射使人难以靠近，只能靠直升飞机从空中向下投放含铅（Pb）和硼（B）的沙袋，以封住反应堆，阻止放射性物质的外泄。

核电虽然是目前最新式、最"干净"，且单位成本最低的一种电力资源，但由于可能的核泄漏事故造成的核污染却也给人类带来了前所未有的灾难。迄今为止，除了切尔诺贝利核泄漏事故以外，英国北部的塞拉菲尔核电站、美国的布朗斯菲尔德核电站和三喱岛核电站都发生过核泄漏事故。除此之外，在世界海域还发生过多次核潜艇事故。这些散布在陆地、空中和沉睡在海底的核污染给人类和环境带来的危害远不是报道的数字能够划上句号的，因为核辐射的潜伏期长达几十年。

莱茵河事件 >>>

1986 年 11 月 1 日深夜，瑞士巴富尔市桑多斯化学公司仓库起火，装有 1250 吨剧毒农药的钢罐爆炸，硫、磷、汞等毒物随着百余吨灭火剂进入下水道，排入莱茵河。警报传向下游瑞士、德国、法国、荷兰四国 835 公

里沿岸城市。剧毒物质构成 70 公里长的微红色飘带，以每小时 4 公里速度向下游流去，流经地区鱼类死亡，沿河自来水厂全部关闭，改用汽车向居民送水，接近海口的荷兰，全国与莱茵河相通的河闸全部关闭。翌日，化工厂有毒物质继续流入莱茵

莱茵河污染现场

河，后来用塑料塞堵下水道。8 天后，塞子在水的压力下脱落，几十吨含有汞的物质流入莱茵河，造成又一次污染。11 月 21 日，德国巴登市的苯胺和苏打化学公司冷却系统故障，又使 2 吨农药流入莱茵河，使河水含毒量超标准 200 倍。这次污染使莱茵河的生态受到了严重破坏。

公害事件给人类带来的后果是巨大而严重的。近年来，虽然严重的公害事件很少发生，但环境污染引起的潜在性危害尚难以估量。

城市垃圾的危害与处理

城市垃圾是城市中固体废物的混合体，包括工业垃圾、建筑垃圾和生活垃圾。工业垃圾指机械、轻工及其它工业在生产过程中所排出的固体废弃物，如机械工业切削碎屑、研磨碎屑、废型砂等，食品工业的活性炭渣，硅酸盐工业和建筑业的砖、瓦、碎砾、混凝土碎块等。建筑垃圾一般为无污染固体，包括泥土、石块、混凝土块、碎砖、废木材、废管道及电器废料等。生活垃圾是人们在生活中产生的固体废渣，种类繁多，包括有机物

图与文

社会生产的迅速发展使居民生活水平提高，商品消费量迅速增加，垃圾的排出量也随之增加。另外，垃圾数量增长还受社会经济因素的影响，种种因素使城市垃圾数量激增。

与无机物。

城市垃圾是环境污染的重要原因之一。如果处置不当，就会造成公害，破坏生态环境，危及到人们的健康。通常来说，城市垃圾的危害大致有以下几方面：

（1）占用耕地，污染土壤及农作物。由于垃圾里化学产品含量很高，填埋后数十年甚至上百年都不会降解，加上有毒成分和重金属含在其中，这些耕地也就失去了使用价值。如塑料袋、塑料杯、泡沫塑料制品等白色污染是不易分解的，可影响土壤结构，致使土质劣化，遏制农作物生长，使植物减产30%。

（2）造成水体污染。垃圾经雨水渗沥污染地下水或进入地表水，造成水体污染。80%的流行病是因此传播的，且导致江河湖泊严重缺氧富营养化。

（3）污染大气。垃圾在腐化过程中，产生大量热能，主要是氨、甲烷和硫化氢等有害气体，浓度过高形成恶臭，严重污染大气。另外，垃圾长期堆积，会发生自燃、自爆现象。

（4）传播疾病。垃圾场几乎是所有微生物孳生的温床，包括病毒、细菌、支原体和蚊蝇、蟑螂等疾病传播媒体，啮齿类动物（如老鼠）也在其中大肆繁衍，使人得病，有碍健康。

城市垃圾发出恶臭，污染了空气，传播了疾病

（5）直接或间接危害人体健康。危险废物，如废灯管、废油漆、废电池对人体有直接或间接伤害。这类废物含有汞、镉、铅等重金属物质。汞具有强烈的毒性，铅能造成神经紊乱、肾炎等，镉主要造成肾、肝损伤以及骨质疏松、软骨症等症。

垃圾填埋是我国目前大多数城市解决垃圾出路的最主要方法。根据工程措施是否齐全、环保标准能否满足来判断，垃圾填埋可分为简易填埋场、受控填埋场和卫生填埋场三个等级。

城市垃圾填埋的方法主要有：

（1）卫生填埋。倾倒一层城市垃圾（厚约60厘米），将其压实，上覆厚15厘米的土、沙或粉煤灰，如此反复，最后覆以90—120厘米的表层土。

（2）压缩垃圾填埋。将垃圾压缩后回填，可防火，防孳生蚊虫，但分解缓慢。

（3）破碎垃圾填埋。这种方法是将垃圾先粉碎，然后填埋。

城市垃圾的填埋场地最低处应高出地下水位3米以上，填埋场应采取防渗和排气措施。填埋场封闭后可作绿化场所使用，不可在上面建永久性建筑物。

垃圾填埋投资少、工艺简单、处理量大，并较好地实现了地表的无害化。但是，填埋的垃圾并没有进行无害化处理，残留着大量的细菌、病毒，还潜伏着重金属污染等隐患，其垃圾渗漏液还会长久地污染地下水资源，所以，这种方法潜在着极大的不利因素，目前许多发达国家明令禁止填埋垃圾。我国也正在积极寻求解决之道。

相对而言，我国对废弃物的处理水平要落后于美、日、德等发达国家，如对生产垃圾和生活

■图与文

垃圾填埋是我国目前大多数城市解决生活垃圾出路的最主要方法。根据工程措施是否齐全、环保标准能否满足来判断，可分为简易填埋场、受控填埋场和卫生填埋场三个等级。

垃圾源头上的分类，可回收再利用的废弃物和不可回收利用的废弃物的分类处理都没有深入的宣传和严格的标准。就现状而言，城市里许多可回收利用的物资主要通过城市里废品收购站回收及小商贩从市内垃圾箱拣选和从住户处回收。回收部门多为私人经营，规模小且设施简陋，对回收物资主要是露天堆放，通过人工拣选再向上一级的物资回收部门出售。作为政府主管部门的环卫机构，对城市里各种无使用价值的生产、生活垃圾进行收集，主要运往垃圾倾倒场地，绝大多数没有进行进一步的处理，致使城市周围的垃圾处理场面积扩大。而把废弃物物流作为盈利性服务的物流公司几乎没有。废弃物不仅威胁着城市，也在向农村蔓延。

固体废弃物的处理和利用

我国是这样定义固体废物的，固体废物是指在生产、生活和其他活动中产生的丧失原有利用价值或者虽未丧失利用价值但被抛弃或者放弃的固态、半固态和置于容器中的气态的物品、物质以及法律、行政法规规定纳入固体废物管理的物品、物质。

固体废物有多种分类方法，可以根据其性质、状态和来源进行分类，如按其化学性质可分为有机废物和无机废物；按其危害状况可分为有害废物和一般废物；按来源可分为工业固体废物、矿业固体废物、城市固体废物、农业固体废物和放射性固体废物等五类。

固体废物不像废气、废水那样到处迁移和扩散，必须占有大量的土地。土壤是植物赖以生存的基础。长期使用带有碎砖瓦砾的"垃圾肥"，土壤会严重"渣化"。另外，未经处理的有害废物在土壤中风化、淋溶后，就渗入土壤，杀死土壤微生物，破坏土壤的腐蚀分解能力，导致土壤质量下降；带有病菌、寄生虫卵的粪便施入农田，一些根茎类蔬菜、瓜果就把土壤中的病菌、寄生虫卵吸进或带入体内，人们食用后就会患病。还有，一些固

体废弃物被倾倒入江河湖海，不仅减少了水域面积，淤塞航道，而且污染水体，使水质下降。固体废物在收运、堆放过程中未作密封处理，有的经日晒、风吹、雨淋、焚化等作用，挥发了大量废气、粉尘；有的发酵分解后产生了有毒气体，向大气中飘散，造成大气污染。

固体废物的处理和利用有悠久的历史，早在公元前 3000～1000 年，古希腊米诺斯文明时期，克里特岛的首府诺萨斯即有垃圾覆土埋入大坑的处理。但大部分古代城市的固体废物都是任意丢弃，天长日久甚至使城市埋没，有的城市是后

固体废弃物侵占农田，污染水体

来在废墟上重建的。为了保护环境，古代有些城市颁布过管理垃圾的法令。古罗马的一个标志台上写着"垃圾必须倒往远处，违者罚款"。1384 年英国颁布禁止把垃圾倒入河流的法令。苏格兰大城市爱丁堡 18 世纪设有大废料场，将废料分类出售。1874 年英国建成世界第一座焚化炉，垃圾焚化后，将余烬填埋。1875 年英国颁布公共卫生法，规定由地方政府负责集中处置垃圾。我国和印度等亚洲国家，自古以来就有利用粪便和利用垃圾堆肥的处置方法。进入 20 世纪后，为了加强固体废物的管理，许多国家设立了专门的管理机关和科学研究机构，研究固体废物的来源、性质、特征和对环境的危害，研究固体废物的处置、回收、利用的技术和管理措施，以及制定各种规章和环境标准，出版有关书刊。固体废物的处理和利用，逐步成为环境工程学的重要组成部分。

至于固体废物的利用，目前固体废物的主要利用途径有：①从含碳、油或其他有机物质的废物中回收能源。②利用矿物废料作建筑材料、道路工程

材料、填垫材料，冶金、化工和轻工等工业原料。③利用含有土壤、植物所需要的元素或化合物的废物作土壤改良剂和肥料。

先说说固体废弃物能源，来源于煤炭、石油、动植物的固体废物，大多含有一定量的煤炭、油和生物能。20世纪70年代世界性能源短缺现象出现后，从固体废物特别是城市垃圾中回收能源的技术

固体废弃物处理场正在进行废物处理

得到迅速发展。

美国圣路易联合电力公司1972年实现以垃圾为辅助燃料发电。其方法是：先以落锤将垃圾破碎，磁选除铁后压缩打包，运往电厂。在电厂，垃圾经过空气分选机进一步除铁，并除去其他金属、玻璃、大块木头、塑料等，通过输送系统，送入锅炉中燃烧。其热值达到正规满载燃烧的10～15%，即垃圾相当于煤发热量的10%。这种方法节约了用煤，相应地减少了硫氧化物的生成量，从而减轻了对空气的污染，还回收了金属、玻璃等原料。

从焚化炉中回收废热，是近年在欧洲和美国发展起来的一项废物利用技术，其方法是利用水冷式炉壁取代耐火材料的炉壁，垃圾焚烧过程中产生的热使水温升高以至变成蒸汽，供附近地区采暖。这种方法的优点是维修费用低，空气污染容易治理。缺点是垃圾量不稳定，供热有时中断，影响使用。另一种方法是在焚化炉的燃烧室后建一锅炉，生产蒸汽，用以发电。

垃圾中的有机物在无氧条件下经过高温分解变成气体、液体和炭。所产生的热能除维持干馏本身所需外，还剩余一部分可资利用。在典型的高温分解工厂中，垃圾从上面进入温度约为1650℃的反应器，垃圾在下落过

程中一部分气化挥发，一部分流到器底成为液态熔融的渣。反应器中产生的气体，被导至另一燃烧炉中燃烧，温度达1100℃以上，可用于发电和维持本过程的需要。熔渣排出后冷却形成

垃圾发电虽然有着诸多的好处，但垃圾发电却发展较慢，主要是受一些技术或工艺问题的制约，比如发电时燃烧产生的剧毒废气长期得不到有效解决。

玻璃体，可作骨料用。此外，还有中温分解法。

反应器内的热解温度约为820～1100℃，使垃圾分解为气体和固体剩余物，气体可作为燃气轮机的动力。另一种方法是生产液态燃料油，一吨垃圾约可生产一桶燃料油(热值相当于6号油热值的75%，为低硫燃料油)。制油用的垃圾必须含有很高的有机物，并要磨得很细。

从处理城市垃圾的角度来看，垃圾经过高温分解留下的残余物，虽然不少于高温焚化留下的残余物，但能产生更多可供利用的能源，回收更多的材料，并不污染空气，因而得到迅速的发展。

再说说固体废物建筑材料，煤矸石、粉煤灰、煤渣、高炉渣、钢渣等多种固体废物都具有建筑材料所需要的成分和性质，可以制作建筑材料。建筑材料需要量大，可以容纳大量的固体废物；建筑材料使

高热量煤渣

用期限长，不会产生二次污染，也不会很快重新变成废物，所以利用固体废物制造建筑材料是节约资源、消除废物、保护环境的有效途径。实际上，人们早就把工业废渣直接用作建筑材料和制造建筑材料，例如用矿渣垫基、铺路，用煤渣拌制三合土等。根据工业废渣的化学成分、物理状态和矿物组成的不同，可以制做各种不同性能的建筑材料。例如高炉渣具有足够的强度，经水淬或破碎后可直接作为水泥混凝土的骨料，并可按不同工艺制成膨珠、浮石等轻质骨料。钢渣破碎为碎块，质重而表面粗糙，与沥青粘结牢固，强度高，耐磨性能好，是优良的路面沥青混凝土的骨料。有的工业废渣含有大量硅、铝、钙等成分，具有水硬胶凝性。如粉煤灰、经过粉碎的高炉渣和钢渣、赤泥等可作为硅酸盐水泥的混合材料。高炉渣和部分水泥熟料共同磨制成的水泥，称为矿渣硅酸盐水泥，是我国的主要水泥品种之一。利用高炉熔渣的高温条件，可加气吹制成矿渣棉，是具有保温、吸声和防火性能的建筑材料，可以制做保温板、吸声板和防火纤维材料。以粉煤灰、煤矸石作原料可制成火山灰质硅酸盐水泥。粉煤灰掺入适量炉渣、矿渣等骨料，再加石灰、石膏和水拌合，可制成蒸汽养护砖、砌块、大型墙体材料等，也可以生产烧结砖和轻质混凝土骨料。尾矿、电石渣、铝渣、锌渣等都可制成砖材。

日本开发出废弃混凝土再生使用的新技术，其再生混凝土的寿命与普通混凝土大体相同。使用这种用废弃混凝土制成的再生混凝土时，不需要用碎石作骨架，仅采用组成水泥的成分作材料，再生时，可全部用来制造水泥和混凝土。这不仅能有效解决混凝土的废弃问题，而且能减少因采石给自然环境所造成的破坏。

最后说说固体废物堆肥，简单来说，固体废物堆肥是固体废物中的有机物在微生物作用下，发生生物化学反应而降解形成一种类似腐殖质土壤的物质，用作肥料并用来改良土壤。

堆肥作为废弃物处理的一种方法已经得到广泛重视。完成堆肥过程的细菌、酵母菌、真菌和放线菌是土壤和垃圾中本来就有的。堆肥初期，细菌和酵母菌占优势，后期，真菌和放线菌占优势。细菌中有需氧性的形成孢子的杆菌属，还有革兰氏阴性杆菌（大肠杆菌等）。典型的真菌有：曲菌、镰刀菌、青霉菌和酒曲菌等属。放线菌中有链丝菌、诺卡氏菌和小单孢子菌等属。用作堆肥的废弃物的化学成分由于这些微生物的活动而发

建筑垃圾生成再生骨料

生改变。糖和淀粉最容易被微生物利用，类脂物或脂肪的抗降解作用不大，纤维素和半纤维素有中等的抗降解作用，木质素的抗降解作用最大。有机物经堆制后所形成的腐殖质既是土壤改良剂，也是优质肥料。堆肥过程中产生的生物热温度可达50～55℃，能杀灭垃圾、粪便中的病菌、虫卵和蝇蛆。

固体废物堆肥一般分三步：

第一步：先从垃圾中剔出大块废物、玻璃、金属、塑料、橡皮、破布等；再将垃圾破碎成匀质状，常用的方法为"落锤"捣碎、"锉切法"和"湿捣成浆法"等；匀质废物的最佳含水率为45%～60%；碳氮比约为25∶1。如果达不到，可掺加废水污泥。可以考虑将堆肥厂设在污水处理厂近旁。

第二步：按作用原理，分为高温需氧性分解和低温厌氧性分解。在温度、水分、氧气适宜条件下，需氧微生物迅速生长繁殖，开始需氧性分解过程，产生大量的热（温度50～55℃），将各种有机物转化成为无害的肥料，这种方法称为高温堆肥。厌氧堆肥在缺氧条件下进行，堆内的温度最高不超过45℃，腐熟时间较长。按堆肥方法，分为露天堆肥法和机械化堆肥法。露天堆肥法是先将选净后的垃圾同粪便混合（垃圾3/4，粪便1/4）铺在地面，

□图与文

堆肥是一种古老的肥料，制造堆肥必须先收集适当的材料，例如稻草、茎蔓、野草、树木落叶或是禽畜粪便等，然后将其适当混合，并添加适量的氰氨化钙，促其发酵，然后覆盖上破席、破布、稻草或塑胶布。

厚度为 10 ~ 20 厘米，在平面上每隔 1 米放上两根直径为 10 ~ 15 厘米的竹竿，在竹竿中部竖起两根竹竿，然后均匀地堆撒 80 ~ 100 厘米厚的垃圾和粪便为一层，逐层堆成底宽 4 米、顶宽 1 ~ 1.5 米、高 2 米、长度视情况而定的肥堆。然后用泥抹面，厚约 2 ~ 3 厘米，两天后抽出竹竿。竿孔留作肥堆通风供氧。在夏、秋季竿孔需用纱布封好，用泥固定以防止生蛆。肥堆在夏、秋季约 20 天左右即可腐熟使用，冬季一般需延长 10 天。露天堆肥法较为经济，缺点是易受气候条件影响，时间长，用地多等。中小城市或发展中的国家多采用这种方法。

第三步：露天堆肥一般需要 2 个星期的熟化时间。如不经熟化施入田间，就要经过几个月以后才能种植。机械化堆肥有的不需熟化，有的需要 3 周左右，待肥质完全稳定后方可施用，以免微生物夺去土壤中的氮素。

废物资源化的涵义

废物资源化是废物利用的宏观称谓，是指采用各种工程技术方法和管理措施，从废弃物中回收有用的物质和能源。

近几十年来，随着人类社会的发展，废弃物不断增加，资源不断减少，废弃物的资源化已经为人们所关注。在发达国家，这方面的研究和生产取得了明显的经济和环境效益。首先，实施废物资源化的工程技术措施，如将城市垃圾中的有机物经过处理，可作为煤的辅助燃料；经高温分解制成燃料油；经微生物降解制取沼气和优质肥料等。固体工业废物，可制成建筑材料，从中回收有用金属和非金属材料。其次，加强废物资源化的管理，如我国已制定了有关法规，1979 年制定的《关于工业"三废"综合利用的若干规定》指出，要加强工业"三废"综合利用的技术支持和行政管理。

固体废物资源化是废物资源化的最主要内容，固体废物资源化指采取管理和工艺措施从固体废弃物中回收有用的物质和能源。在 20 世纪实现了从煤焦油处理中提取苯及有机香料，从沥青铀矿中提取放射性化合物。到了 21 世纪，更多的固体废弃物利用被发现，固体废弃物资源化逐渐形成规模。

实际上，早在 12 世纪，我国南宋时期的著名学者朱熹就提出"天无弃物"的观点。近些年来，环境问题日益尖锐，资源日益短缺，处置固体废物并把它转化为可供人类利用的资源也越来越引起人们的重视。主要表现在两个方面：

（1）加强固体废物资源的管理。许多国家都制定了有关固体废物的法规，在立法上可以看出由消极处置转到积极利用的发展趋势。如美国 1965 年制定《固体废物处置法》，1970 年修订成为《资源回收法》，1976 年又修订成为《资源保护再生法》，明确规定固体废物不准任意弃置，必须作为资源利用起来。为了实现固体废物资源化，

图与文

煤焦油是煤干馏过程中得到的黑褐色黏稠产物，按焦化温度不同所得焦油可分为高温焦油、中温焦油和低温焦油。

许多国家采取了鼓励利用废物的政策和措施。如我国 1979 年制定的《关于工业"三废"综合利用的若干规定》等法令，规定工业废渣无偿利用，废渣产品在一定时期内减免税收等。许多国家都建立了专业化的废物交换和回收机构，开展废物交换和回收的活动，如美国环境保护局在全国设立 200 个废物交换点和 3000 个回收中心。欧洲一些国家自 20 世纪 70 年代以来，开始实行废物交换。

（2）采取固体废物资源化的工艺措施。固体废物是一种资源，如城市垃圾中含有大量有机物，经过分选和加工处理，可作为煤的辅助燃料，也可经过高温分解制取人造燃料油，也可利用微生物的降解作用制取沼气和优质肥料。固体废物除从中回收有用的金属材料、非金属材料和能源外，主要是用于生产建筑材料。

就我国来说，废物资源化技术工艺还很不成熟。技术复杂和投资较大是我国废物资源化发展的两大障碍。

各国关于废物利用的措施

20 世纪 70 年代以来，美国、英国、德国、日本、法国和意大利等，由于废物放置场地紧张，处理费用高昂，加上石油危机的冲击，使资源问题更加突出，日本科技界首先提出了"资源循环"概念，受到国际社会的注意，废物资源化问题日益引起人们的重视。许多国家相继制定了有关法规。

为了实现废物资源化，许多国家采取了一系列鼓励利用废物的政策和措施，如建立专业化的废物交换和回收机构，从事废物的直接有效应用。

欧洲一些国家自 20 世纪 70 年代开始至 80 年代大力发展了跨国的废物交换体系。德国化学工业协会最早着手与邻国奥地利、卢森堡、荷兰、比利时、丹麦等合作，签订了废物交换协议。西欧共同体商工委员会于 1978 年建立废物交换市场。北欧的瑞典、丹麦、芬兰和挪威建立了北欧废物交换所，

促进了废物资源化的发展。除了这些管理措施外，各国科技界还提出了许多废物利用的工艺，无论废气、废液还是废渣，均可在合适条件下转化为资源。例如城市垃圾中含有的大量有机物，经过分选和加工，可作为煤的辅助燃料，也可经高温分解制取燃料油；某些废液与废料混合，经微生物降解可制取沼气和优质肥料；废烟尘中可回收像锗这样的高价金属材料；废渣用于生产建筑材料。1970 年日本国会制定了关于《废弃物处理和清扫的法律》，简称《废弃物处理法》。这部法律经过多次修改，于 2008 年完成最终修订，旨在遏制废弃物排放，对废弃物进行分类、保管、收集、运输、再生和处理，通过保持清洁的生活环境，提高公共卫生水平。2000 年日本制定了《循环型社会形成推进基本法》，为建设循环型社会制定了基本框架。在这一基础上，日本陆续出台了《促进资源有效利用法》《建筑再利用法》《食品再利用法》《家电再利用法》《容器包装再利用法》《汽车再利用法》等一系列法律法规，几乎涵盖社会生活的各个领域，使各种废弃物都能够得到最大限度的利用，循环经济深入人心。

我国在 1972 年的联合国人类环境会议上提出"综合利用，化害为利"的环境保护工作方针，这个方针写入 1979 年颁布的《中华人民共和国环境保护法（试行）》，沿用至今，已成为我国的基本国策。

1989 年 5 月联合国环境署理事会提出"清洁生产"的新概念。这个概念在 1990 年 10 月的坎特伯雷（英国）会议上明确了这一概念的内容。清洁生产是对工艺和产品的预防性环境战略，旨在减少生产对人体和环境的风险；对于生产工艺，清洁生产着眼于节约原材料和

废烟尘排放

能源，消除有毒原材料，并在一切排放物和废物离开工艺前，削减其数量和毒性；对于产品，清洁生产的战略重点是在产品的整个寿命周期，即从原材料收集开始到产品的最终处置，要尽量减小负面影响。

发展清洁生产的战略思想，对废物的利用或资源化是一个重大进步，它拓宽了环境保护的视野，促进了变尾端治理为生产全过程各环节的全方位管理。不过这是对新的工艺设计而言，而对地球上已积累的废物，其利用和资源化仍很艰巨，但即使这样，也仍须用清洁生产的思想作指导，以免产生二次污染和新的环境问题。

几乎在清洁生产概念提出的同时，1990 年美国国会通过了"污染预防法案"，明确提出了预防污染这一概念。它虽不具有法律效力，但却是一个行动指南，详细说明了污染预防的体系和不同层次。它包括废弃物的清除、处理、回收、减少污染源和杜绝污染源。这个法案标志着保护环境的新时期的开始，是继 20 世纪 60 年代以来化学污染治理的经验教训的产物。这个法案受到各方的关注并给取了不少动听的名字，如：环境良性化学、原子经济学、对环境友善的化学、绿色化学等。最后美国环保局采用了绿色化学这一名称。1995 年 3 月 16 日美国时任克林顿总统宣布制定"绿色化学挑战计划"，以推动各界合作进行化学污染预防和工业生态学研究，鼓励支持重大的创造性的科学技术突破，从根本上减少乃至杜绝化学污染源。这也把废物利用的观念提高到了一个全新的高度。

第二章
生活废物的利用

在我国，生活垃圾是这样定义的：生活垃圾是指在日常生活中或者为日常生活提供服务的活动中产生的固体废物以及法律、行政法规规定视为生活垃圾的固体废物。

生活垃圾成分复杂，传统的堆放填埋方式，不仅占用大片田地，而且还造成了土壤、空气、水体的污染，对人们的身心健康极为有害。对生活废物展开科学合理的综合利用，不仅免除了这些弊端，而且还节约了资源，有着非凡的生态效益和社会效益。

生活垃圾分类

　　我们每个人每天都会扔出许多垃圾，你知道这些垃圾它们到哪里去了吗？它们通常是先被送到堆放场，然后再送去填埋。垃圾填埋的费用是非常高昂的，处理一吨垃圾的费用约为450元至600元人民币。人们大量地消耗资源，大规模生产，大量地消费，又大量地生产着垃圾。难道，我们对待垃圾就束手无策了吗？其实，办法是有的，这就是垃圾分类。垃圾分类就是在源头将垃圾分类投放，并通过分类的清运和回收使之重新变成资源。

　　从国内外各城市对生活垃圾分类的方法来看，大致都是根据垃圾的成分构成、产生量，结合本地垃圾的资源利用和处理方式来进行分类。如德国一般分为纸、玻璃、金属、塑料等；澳大利亚一般分为可堆肥垃圾、可回收垃圾、不可回收垃圾等等。

　　如今我国生活垃圾一般可分为四大类：可回收垃圾、厨余垃圾、有害垃圾和其他垃圾。

　　（1）可回收垃圾。可回收垃圾就是可以再生循环的垃圾。主要包括废纸、塑料、玻璃、金属和布料五大类。废纸主要包括报纸、期刊、图书、各种包装纸、办公用纸、广告纸、纸盒等等，但是要注意纸巾和厕所纸由于水溶性太强不可回收。塑料：主要包括各种塑料袋、塑料包装物、一次性塑料餐盒和餐具、牙刷、杯子、矿泉水瓶、

图与文

生活垃圾中的塑料垃圾难以分解，破坏土质，使植物生长减少30%；填埋后可能污染地下水；焚烧会产生有害气体。

牙膏皮等。玻璃：主要包括各种玻璃瓶、碎玻璃片、镜子、灯泡、暖瓶等。金属物：主要包括易拉罐、罐头盒等。布料：主要包括废弃衣服、桌布、洗脸巾、书包、鞋等。

（2）厨余垃圾。包括剩菜剩饭、骨头、菜根菜叶、果皮等食品类废物，经生物技术就地处理堆肥，每吨可生产 0.3 吨有机肥。

（3）有害垃圾。包括废电池、废日光灯管、废水银温度计、过期药品等，这些垃圾需要特殊安全处理。

可回收垃圾标志

（4）其它垃圾。包括除上述几类垃圾之外的砖瓦陶瓷、渣土、卫生间废纸、纸巾等难以回收的废弃物，采取卫生填埋可有效减少对地下水、地表水、土壤及空气的污染。

常用的垃圾处理方法主要有：综合利用、卫生填埋、焚烧发电、堆肥、资源返还。通过综合处理回收利用，可以减少污染，节省资源。如每回收 1 吨废纸可造好纸 850 千克，节省木材 300 千克，比等量生产减少污染 74%；每回收 1 吨塑料饮料瓶可获得 0.7 吨二级原料；每回收 1 吨废钢铁可炼好钢 0.9 吨，比用矿石冶炼节约成本 47%，减少空气污染 75%，减少 97% 的水污染和固体废物。

不过，垃圾处理的方法还大多处于传统的堆放填埋方式，占用上万亩土地；并且虫蝇乱飞，污水四溢，臭气熏天，严重地污染环境。因此进行垃圾分类收集可以减少垃圾处理量和处理设备，降低处理成本，减少土地资源的消耗，具有社会、经济、生态三方面的效益。

垃圾分类处理的优点如下：

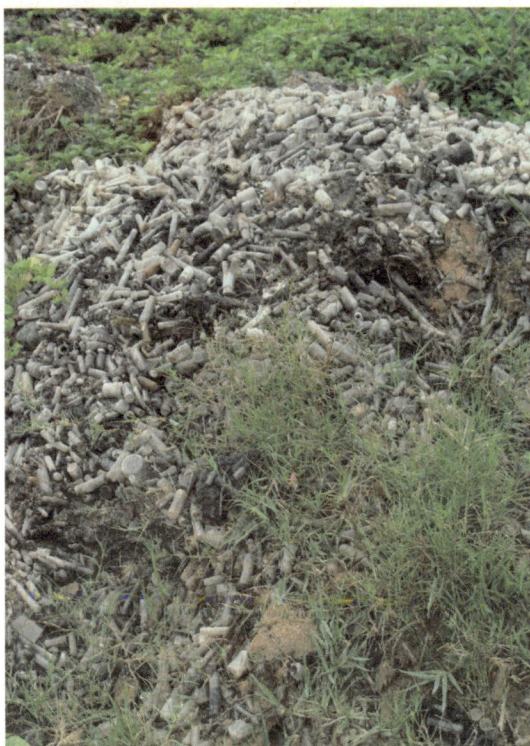

露天堆放的危险垃圾

（1）减少占地。生活垃圾中有些物质不易降解，使土地受到严重侵蚀。垃圾分类，去掉能回收的、不易降解的物质，减少垃圾数量达60%以上。

（2）减少环境污染。废弃的电池含有金属汞、镉等有毒的物质，会对人类产生严重的危害；土壤中的废塑料会导致农作物减产；抛弃的废塑料被动物误食，导致动物死亡的事故时有发生，因此回收利用可以减少危害。

（3）变废为宝。我国每年使用塑料快餐盒达40亿个，方便面碗5—7亿个，一次性筷子数十亿个，这些占生活垃圾的8—15%。1吨废塑料可回炼600千克的柴油。回收1500吨废纸，可免于砍伐用于生产1200吨纸的林木。一吨易拉罐熔化后能结成一吨很好的铝块，可少采20吨铝矿。生产垃圾中有30%—40%可以回收利用，应珍惜这个小本大利的资源。

大家也可以利用易拉罐制作笔盒，既环保，又节约资源。

日本的垃圾分类在世界上享有盛名，日本的垃圾分类科学、合理，管理也十分到位，总体上看，日本垃圾分类分类有以下几大特点：

（1）精细分类，及时回收。最大分类有可燃物、不可燃物、资源类、粗大类，有害类，这几类再细分为若干子项目，每个子项目又可再细分。

可燃类：就是可以燃烧的一类，但不包括塑料、橡胶制片，一般剩菜

剩饭和一些可燃的生活垃圾都属于可燃垃圾。

不可燃类：包括废旧小家电、衣物、玩具、陶瓷制品、铁质容器等。

资源类：资源类包括报纸、书籍、塑料饮料瓶、玻璃饮料瓶等有资源重新利用价值的垃圾。

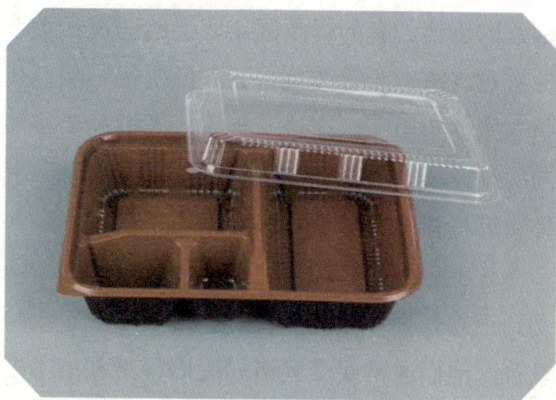

塑料快餐盒

粗大类：大的家具、大型电器（如电视机、洗衣机）、自行车等。

在回收方面，有的社区摆放着一排分类垃圾箱，有的没有垃圾箱而是规定在每周特定时间把特定垃圾袋放在特定地点，由专人及时拉走。如在东京都港区，规定周一上午收不可燃垃圾，周二上午收资源垃圾，每周三、六上午收可燃垃圾。很多社区规定早8点之前扔垃圾，有的则放宽到中午，但都是当天就拉走。

（2）到位管理，得当举措。日本政府对垃圾分类管理到位，措施得当。

居民要知晓政府关于垃圾分类的规定，外国人员来日本后，也要遵守当地政府的规定，把垃圾分类。在日本，无论是政府还是普通居民，扔垃圾已是一件必须严格遵守和认真执行并已形成规矩的事情，而且是一件已经做得非常

■图与文

日本的垃圾通常分几大类：可燃烧垃圾：厨余垃圾、庭院杂草、树枝、碎纸等。不可燃烧垃圾：塑料制品、金属制品、玻璃陶瓷碎片等。再生垃圾：书刊、杂志、报纸等纸制品以及旧衣物等。这些垃圾需要分类处理。

细致的事情。有的行政区年底会给居民送上明年的日历，上面一些日期上标有黄、绿、蓝等颜色，下方说明每一颜色代表哪天可以扔何种垃圾。有了这张"年历"，在这一年里，人们都要按照"年历"的规定日期来扔不同的垃圾。在一些公共场所，也往往会看到一排垃圾箱，分别用日文、中文、韩文等写着：纸杯、可燃物、塑料类。

（3）从小培养，悉心教育。日本儿童很小的时候就从家长和学校那里受到正确处理垃圾的教育。如果不按规定扔垃圾，就可能受到周围人员的教育。他们通常要受到诸如废旧报纸和书本要捆得整齐；有水分的垃圾要控干水分；锋利的物品要包好等等教育。这样做的结果，使垃圾的种类不易混淆，回收工人的操作也更加便利、安全。

（4）分类回收，废物利用。分类垃圾被专人回收后，报纸被送到造纸厂，用以生产再生纸，很多日本人以名片上印有"使用再生纸"为荣；饮料容器被分别送到相关工厂，成为再生资源；废弃电器被送到专门公司分解处理；可燃垃圾燃烧后可作为肥料；不可燃垃圾经过压缩无毒化处理后可作为填海造田的原料。日本商品的包装盒上就已注明了其属于哪类垃圾，牛奶盒上甚至还有这样的提示：要洗净、拆开、晾干、折叠以后再扔。

美国曾经被称为垃圾生产大国，但如今垃圾分类的观念已经逐渐深入公民的思想中。走在大街上，各式各样色彩缤纷的分类垃圾桶随处可见。政府为垃圾分类提供了各种便利的条件，除了在街道两旁设立分类垃圾桶以外，每个社区都定期派专人负责清运各户分类出的垃圾。居民对政府的垃圾分类工作也表示了极大的支持。这不仅表现在几乎每个

■图与文

美国对垃圾分类处理要求十分严格，市民在丢弃垃圾时，必须按可循环类、肥料类和废物类，分开放在三个不同颜色的垃圾桶内。

人都对垃圾分类的知识十分熟悉，而且，他们都十分愿意支持这项工作，并且身体力行。

在澳大利亚一般人家的院子里，通常会有三个深绿色大塑料垃圾桶，盖子的颜色分别为红、黄、绿。三个不同颜色盖子的垃圾桶分别承装不同的垃圾，如绿盖子的桶里，放清理花园时剪下来的草、树叶、花等；黄盖子的桶里，则放可回收资源，包括塑料瓶、玻璃瓶等。红盖子的桶放其他垃圾。由于规定复杂，因此市政部门每年都会向各家邮寄相关宣传资料，孩子们更是早早地学会了如何给垃圾分类。

在英国，一般来说，每家也都有三个垃圾箱：一个黑色，装普通生活垃圾；一个绿色，装花园及厨房垃圾；一个黑色小箱子，装玻璃瓶、易拉罐等可回收物，政府会安排三辆不同的垃圾车每周一次将其运走。

瑞典的许多超级市场都设有易拉罐和玻璃瓶自动回收机，顾客喝完饮料将易拉罐和玻璃瓶投入其中，机器便会吐出收据，顾客凭收据可以领取一小笔钱。瑞典的清扫公司由三家民间团体联合组成，该公司给每户居民4种纤维袋，分别盛放可以再利用的废纸、废金属、废玻璃瓶和废纤维。清扫公司利用特制的废弃物回收车每月登门收集一次，对其他垃圾则是每周收一次。此外在公寓、旅馆等公共住宅区，还设有专门的收集装置，用以回收各类废弃物。

芬兰各个城镇的居民区和购物中心，都设有不同颜色的废品分类回收箱。芬兰人外出时习惯将家里积攒起来的旧报纸、空玻璃瓶和旧衣服顺手放到分类回收箱，或直接将垃圾送到赫尔辛基地区3个垃圾处理中心的废品分类回收点。回收点再将金

瑞士小区内垃圾分类箱

一位顾客将废纸盒放入购物中心前的分类回收箱

属废品送到金属处理厂回炉，将玻璃瓶送到玻璃厂当原料，将废木料送到热电厂作燃料，而废纸和纸板则被造纸厂再次利用。对于像废油、硫酸、电池和药品等有害垃圾，垃圾管理局每年春、秋两季派专车进行回收，然后送到专门处理有害垃圾的工厂进行特殊焚烧处理，并利用焚烧产生的热能发电。

咖啡渣变废为宝

咖啡是一种广受欢迎的饮品，特别在欧美国家倍受欢迎。据《泰晤士报》报道，咖啡是除石油之外的世界第二大贸易品，年交易量高达700万吨。过去，人们通常将用过的咖啡渣直接丢进垃圾桶里，接着被送到垃圾填埋场当作垃圾处理掉。但现在在美国，用过的咖啡渣已经有了新的去处。

咖啡渣的用途

■ 图与文

咖啡与茶叶、可可并称为世界三大饮料。日常饮用的咖啡是用咖啡豆配合各种不同的烹煮器具制作出来的，而咖啡豆就是指咖啡树果实内之果仁，再用适当方法烘焙而成。

主要有下 5 点：

（1）咖啡渣植物养料。因为咖啡渣中含有植物生长所需要的养分，把咖啡渣作为肥料围在植物根部这样既可以滋润植物，也可以防止病虫害的发生。

（2）咖啡渣可除臭除味。咖啡渣具有吸附异味的能力，可以将咖啡渣装在小盘中，放在厕所、鞋柜、冰箱里中，不但能够除去异味，还能够芳香环境，吸收大量的潮湿水分。

（3）咖啡渣是清洁好手。将咖啡渣晒干后，装到丝袜里，用来打磨木地板，可以达到打蜡的效果；还可以用旧丝袜包起咖啡渣，外面缝上一层花布，就可以充当针插，能防止缝衣针生锈。

（4）咖啡渣美容，咖啡含有丰富的营养元素，用来给肌肤按摩可以使肌肤光滑，还有紧肤、美容的效果。

（5）咖啡渣可提神醒脑。用咖啡渣做枕头填充物，能够帮助失眠者尽快入眠，改善失眠提高睡眠质量。

咖啡蕴含丰富的氮元素，是一种优质肥料。美国慈善组织"咖啡男孩"的经营者比尔·费什本在经过了大量的调查后这样说道："我一直在研究企业中咖啡豆的浪费情况。据我观察，大型企业中喝咖啡的员工可达上千人，而这些人扔掉的咖啡渣多达数吨。"费什本的朋友杰里米·可奈特经营了一家名为"红色杯子"的公司，专门销售高档咖啡机和咖啡。受费什本的启发，可奈特成立了"绿色杯子"公司，主要出售由咖啡渣制成的肥料。在"绿色杯子"成立的两年后，可奈特已经拥有了一批固定客户，其中包括联合利华、百加得、消费者研究公司 Jigsaw 以及伦敦商学院，同时，这些客户也提供咖啡渣给可奈特做生产原料。

咖啡豆

包含咖啡渣的有机肥料

可奈特没有停留在仅仅将咖啡渣制成肥料的基础上，而是积极开拓更广大的市场，2008年，可奈特与同样致力于咖啡渣回收工作的产品设计师亚当·菲尔韦泽合作，成功研发出了咖啡渣回收利用的新途径。

咖啡渣在熔炉中与木制碎料混合干燥，形成药丸状，干燥过程中要加入灰末降低酸性。制成的药丸具有驱虫效果，如鼻涕虫遇到药丸后会产生身体脱水的假象而远离药丸所在区域。如今，可奈特的这项事业越来越红火，越来越有规模。

日本三菱电机工程公司与上岛咖啡公司合作，开发出用咖啡渣让公园修剪后的树枝及枯草等废物发酵，制造肥料和土壤改良剂的装置，这个装置也称为咖啡微生物生态系统。其工作过程是将修剪后的枝叶及枯草连同咖啡微生物一起投入到发酵装置中并搅拌。发酵槽被控制在最适合微生物发酵的温度、水分、空气量范围内。约经1个月，即变成堆肥土壤改良剂。该装置实际上是一种一举两得的系统，它既可以处理以往很难处理的咖啡压榨渣与修剪的树木枝叶、枯草等植物废弃物，同时还可以得到可循环使用的堆肥与土壤改良剂。

废纸的循环再利用

废纸泛指在生产生活中经过使用而废弃的可循环再生资源，包括各种高档纸、黄板纸、废纸箱、切边纸、打包纸、企业单位用纸、工程用纸、

书刊报纸等。随着经济的快速发展，纸张的需求量也大幅攀升，随之而来的是废纸的大量产生以及处理问题。

纸张的原料主要为木材、草、芦苇、竹等植物纤维，这些物质具有二次利用的价值，因此，废纸又被称为"二次纤维"，最主要的用途是回收再生纸产品。

■**阅读文**

纸张的原料主要为木材、草、芦苇、竹等植物纤维，因此，废纸又被称为"二次纤维"，废纸最主要的用途还是回用生产再生纸产品。

再生纸是一种以废纸为原料，经过分选、净化、打浆、抄造等十几道工序生产出来的纸张。

再生纸由于不添加任何增白剂、荧光剂等化学物质，所以更显现出纸张本色；由于不反光，更有利于保护眼睛，欧洲及日本早在多年前就已经常态化使用再生纸作为办公、学习用纸了。

再生纸是比较容易识别的。一般来说再生纸的颜色呈淡灰色，不如普通纸那么白，从手感上来讲，再生纸要略微粗糙一点。再生纸是百分之百以回收的旧纸为原料制成的，此外再生纸也不含任何致敏、致癌的物质或色彩原料，所以从使用上来说，再生纸是完全安全的。

再生纸通常分为五类：（1）、纸板和纸箱；（2）、包装纸袋；（3）、

再生纸标志

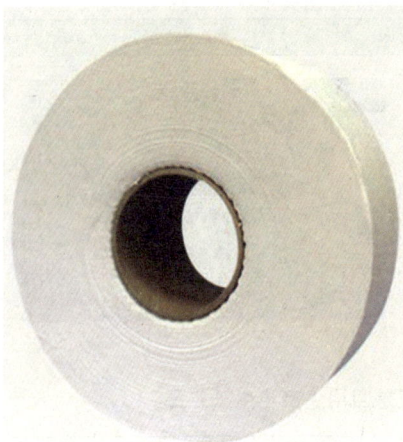

再生纸滚筒纸

卫生等生活用纸；（4）、新闻用纸；（5）、办公文化用纸。前四大类纸张已在我国得到广泛使用，第五类办公文化用再生纸尚属起步阶段。

其实，如果家庭用再生纸，可以尝试自己动手做，方法如下：

方法一：将一张旧报纸或用过的作业纸剪成碎屑，并浸在清水中。将浸泡过的纸屑与清水和淀粉一起放入容器内并搅拌成粥糊状的纸浆。将带框的窗纱网浸入纸浆中，然后轻轻地抄起纱网，使一层纸浆均匀地铺在纱网上，并将纸浆中的水控尽。将纱网上的纸浆片摊在一张旧纸上，上面覆盖一张旧纸，并用擀面棍将纸浆片中的水分尽量擀尽，然后将纸浆片晾干。这样，一张再生纸就制成了。

方法二：先准备一些纸巾、温水、晾衣架、一双连裤袜、一只盆、一块干毛巾、几张报纸和一个空瓶子。先把纸巾撕碎，将碎纸放在一个空瓶子里。把衣架折成方形，套入连裤袜，固定紧后成了一个过滤网。把温水和纸片都放进瓶子里，盖上盖子使劲晃动，慢慢纸就变成了纸浆。再把纸浆倒在过滤网上，水流在了盆里，（可以加入自己喜欢的颜色）。等到水滤得差不多了，就用干毛巾盖住过滤网，挤出水分，再把过滤网放在报纸上再挤掉些水分，最后，把再生纸夹在用过的宣纸里压在

再生纸圆珠笔

几本书下面，过一会儿取出来放到阳台上晒干，再生纸就做好了。

除再生纸生产外，低品质或混杂了其它材料的废纸还有其它广泛的再生用途：

（1）生产家具。世界上很多国家，如新加坡、日本等地用旧报纸、旧书刊等废纸卷成圆形细长棍，外裹一层塑胶纸制作实用美观的家具。纸制家具重量轻，组装拆卸非常方便，省时省力，且造价低，又易回收，便于家具更新换代。其制作工艺简单，只需将各种废纸收集起来，经压缩处理制成一定形状的硬纸板，即可像拼积木一样组装成各种家具。在家具表面涂上保护漆，可解决"负重"和"怕水"的问题。

（2）生产模制产品：废弃的纸模包装制品可广泛用于产品的内包装，能够替代发泡塑料。

（3）生产土木建筑材料：主要制造隔热保温材料或复合材料、灰泥材料等。美国一家企业利用废纸生产建筑板材。其工序是：用一种异氧酸盐粘合剂使废纸粘贴在一起，然后再压扁成1厘米左右厚的像纤维板一样的硬板，并在上面压纹、压模，或者用各种材料镀面。这种用废纸制成的板材，可用作挡板、隔层板以及作为厨房地板的垫材。

（4）生产隔热、隔音材料。利用废纸或纸板生产密度小，隔热、隔音性能好，价格低廉的材料，是一种节约资源、变废为宝的有效途径。

（5）制造新型建筑和装饰材料。利用旧报纸制造新型建筑和装饰材料。其制作过程是：先将旧报纸与废木材一同粉碎成粉末，再加入由农用膜等原料制造的特殊树脂并加工成型。将成型后的材料表面磨光，并印刷上各种木纹后，外

图与文

资料表明：一吨废纸可生产品质良好的再生纸850千克，节省木材3立方米，节省化工原料300千克，节煤1.2吨，节电600度。

型就和真木材一模一样了。该材料的优点是：具有木材的清香，强度可与某些合金相媲美，同时防潮能力强，最适合于作建筑外部平台的铺装材料。

（6）生产除油材料。在水中将废纸分离成纤维，加入硫酸铝，经过碎解、干燥等处理后，将其作为除油材料，可移走固体或水表面的油。该材料价格便宜、安全，制造工艺简单，不必用特殊的介质如合成树脂来浸渍，原料来源广泛，且使用后可燃烧废弃。

（7）园艺物品生产：可将废纸打浆后制成小花盆等园艺品。

（8）制作农用育苗盒。利用废纸纤维特别是一些低档次的废纸纤维与玄武岩纤维或矿渣纤维育苗盒。产品可自然降解，降解后即成为土壤的母质，因此，不对环境造成二次污染。由于加入了玄武岩纤维或矿渣纤维，使得产品的挺度高。既便于使用，又可节约部分植物纤维。

（9）制造包装材料或容器。以废纸为原料可生产高强度埋纱包装纸袋。夹在纸中的是可在90℃水中溶解的水溶性纱线，可以实现完全回收利用，因而是一种双绿色包装材料。该包装纸可广泛用于水泥、粮食、饲料、茶叶以及日用购物袋、取款袋等生活领域。

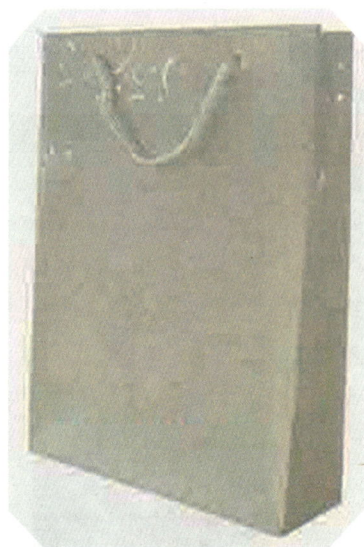

包装纸袋

随着环保要求越来越严格，以往使用的一次性杯、盘、饭盒及包装材料等不可降解产品，属于禁止使用之列。其有效的替代品即为纸浆模塑产品。在一些工业发达国家纸浆模塑制品在工业产品包装领域所占比重已高达70%，其中绝大部分使用的原料为废纸纸浆模塑制品，用作部分复印机用包装盒的包装材料。这种模型制品是把纸浆做成商品形状后固化的，使用的原料为100%的废纸，容易回收利用。美国模压纤维技术公司把旧报纸粉碎，加水打浆并模压成型，代替泡沫塑料用作玩具、计算机驱动磁盘和外围设备等的包装填料。日本的花王公司开发出用废纸生产纸瓶的模塑技术。这种纸瓶由 3 层组成，中间是纸浆，内侧和外侧为涂层，可以用螺旋、盖或金属薄片封口。纸瓶的强度与塑料瓶不相上下。利用模具可制造出形状各异的纸瓶。

（10）制造复合材料。美国的研究人员研究出利用废纸制造复合材料的方法：将旧报纸研磨成粉末，再与聚乙丙烯、高密度聚乙烯树脂、乙丙橡胶、2，6—二丁基—4—甲基苯酚等按一定比例混合，预热到 75—80℃，用搅拌机以 100r／min 的转速搅拌 25min。当温度达到 162℃时，混合料中热塑性物质开始熔融，同时废纸进一步破碎，温度达到 225℃时降低搅拌速度，使混合料颗粒化，并注入成型机中成型。这种利用废纸生产的复合材料的热稳定性及防火性均优于一般树脂，并且成型性好，收缩少，在空气中不吸潮，稳定性好，适合于制造汽车零件。

（11）用作燃料：利用废纸作燃料在芬兰、德国、日本开展得很好。

（12）废纸发电。英国废物处理局推出了一种高效、廉价的废纸处理方法——废纸发电。将大批包装废纸用烘干压缩机压制成固体燃料，在中压锅炉内燃烧，产生 2.5Mpa 以上的蒸汽，推动汽轮发电机发电，产生的废气用于供热。燃烧固体废纸燃料放出的二氧化碳比烧煤少 20%，有益于环境保护。

（13）提炼废纸再生酶：丹麦现代北欧公司提炼出一种废纸再生酶，它可将废旧纸张中的墨迹和油墨分离出来。其生产工艺流程是：向磨碎的纸浆中加入强碱之后，按每吨 200 毫升—300 毫升的比例向纸浆中添加废纸再生酶。经过这样处理之后，油墨沉淀到纸浆池底，并很容易从纸浆中分离出来。用这种方法生产出来的白色再生纸适宜于任何印刷出版物使用。

（14）采用生物技术生产乳酸。研究人员开发出一种以旧报纸为原料生产乳酸的低成本的生产方法，乳酸可用于发酵、饮料、食品和药物生产中，此外，它作为可生物降解塑料的原料也具有很大的吸引力。该生产乳酸的方法是：首先用磷酸把旧报纸处理一下，然后在纤维素酶的存在下制成葡萄糖。该工艺比通用的方法使用的纤维素酶用量少且时间短。由此得到的低成本葡萄糖可通过普通的发酵方法制得 L—乳酸。

日本再生纸的大量生产和使用始于20世纪70年代后期。最初，再生纸价格较高，公众对它也曾有抵触情绪，认为粗糙且不卫生，民间也一度流传它会损害皮肤。然而几十年后，再生纸的各种纸制品广泛普及，甚至在一些年轻人中成为流行。

日本企业中最初只有几家企业生产再生纸，供求量小，而且再生纸曾因加工技术不过关而造成质量相对较差，打印时常会出现卡纸或字迹模糊的问题。政府因此加大了对再生纸科研的投入，以提高加工技术和产品质量，同时在各地政府机关和各大企业里规定再生纸的使用率。形成市场规模后，再生纸价格趋向低廉，加工企业的收益得到了保证。市场目前流通的纸制品中，再生纸所占比率很快达到了60%。

随着再生纸制品的质量日益提高，人们认识到再生纸无害而且使用起来与原木纸并无大异，因此，对再生纸的抵触情绪会越来越少。而且，经过技术处理，再生纸也能显示清晰，光洁度增加，最终赢得了许多消费者的喜爱。

德国绿色和平组织有条标语是："只有当最后一棵树被锯倒的时候，我们才会发现，原来也可以用其他材料生产纸。"欧洲、北美和拉美的厂家已经开始使用木浆以外的其他纤维材料生产纸张，但生产过程中所产生的有毒废水以及大量能源的消耗使该技术发展空间有限。在寻找生产纸张新原料的同时，生产和推广"再生纸"的运动也悄然兴起。在这一点上，德国人走在了世界的前面。

德国人素有垃圾分类的习惯，家家门前一般有3个垃圾桶，一个回收普通生活垃圾，一个回收塑料制品等，另外一个就是专门用来回收纸张的。在火车站、宾馆等公共场所都有专门用以回收纸张

世博会上日本馆用再生纸建成

的垃圾箱或垃圾袋。目前被回收的旧纸、木浆和纤维材料已经构成了德国三大纸张生产原料。回收的旧纸首先得用水泡烂，然后分离出不适合生产纸的部分，之后再分解出旧纸上印有的颜色涂料等，然后就可以根据不同的需要生产出不同种类的纸。

木 浆

在德国，再生纸产品有很多，从学生日常用的练习本到商店售货员用的收据纸，从邮局用的信封、邮票到各种报纸杂志，从餐馆的餐巾纸到厕所里的卫生纸都是再生纸制品。在各大中小学校内经常有绿色和平组织的成员向学生们发送传单，呼吁学生尽量使用以再生纸为原料制成的练习本。为了能让更多的学生使用再生纸练习本，从价格上进行调控，再生纸产品一般比较便宜。就拿同样 80 页的练习本来说，普通纸张练习本价格一般都在 2 欧元或 3 欧元以上，不用原木纸，而用其他纤维纸张制成的练习本一般在 1 欧元到 2 欧元之间，而用再生纸制成的颜色偏深的练习本则多在 1 欧元以下。

在意大利，有专门用来收集纸张的箱子，收集到的纸张被直接送到造纸厂，然后造纸厂使其进行再循环，这样节约了将废物放入垃圾场的成本，也为材料的使用和再次使用提供了"闭合环路"。

相对那些发达国家，我国的废纸回收利用产业水平较低，虽然我国废纸利用率高达 49%，但废纸回收率却低于 30%。我国造纸的废纸原料的进口依赖度逐年上升，2003 年已经高达 40%。国内废纸的回收率却没有改善，而且回收的废纸也大量被技术落后的小企业加工成纸板、卫生纸等低档次产品，没有发挥废纸的资源价值，还带来严重的二次污染。另外，造成我国废纸回收利用水平低的还有一个原因是废纸原料无论在品质还是规模上都难以满足造纸企业的要求。我国各地仅简单地将废纸分为书刊杂志、报纸、纸板、纸袋、白纸边等有限的几种，缺乏统一标准，而且以散装的形式从废旧物资集散市场向外运输。而国际上标准化的商品打包废纸已经成为大宗贸易商品。美国的废纸分类标准已经高达50种。

我国是纸及纸板消费大国，废纸的回收利用不仅可以使我们省去了蒸煮、打浆等工序，而且在此过程中节约了大量的能源，因此，大力发展废纸回收利用是一项利国利民的事业。

废电池的回收利用

废电池就是使用过而废弃的电池。废电池对环境的影响及其处理方法目前还有争议。电池主要含铁、锌、锰等重金属元素，此外还含有微量的汞，汞是有毒的物质。很多人都认为废电池对环境危害严重，一节电池可以污染数万立方米的水，一节5号废电池可以使一平方土地荒废等，这些报道在社会上引起了很大反响，有很多热爱环保的人士和团体开展或参加了回收废电池的活动。

现在看看各国是怎么回收利用废电池的。

德国有一套行之有效的"回收废旧电池系统"。法律规定，消费者要将用完的纽扣电池等送交商店或废品回收站，这两个场所必须无条件接收废旧电池，并转送处理厂家。对于具

图与文

电池产品可分一次干电池（普通干电池）、二次干电池（可充电电池，主要用于移动电话、计算机）、铅酸蓄电池（主要用于汽车）三大类。用量最大的是普通干电池。

有毒性的镍镉电池和含汞电池，上面需要有特殊标记，消费者购买这类电池时，需要交纳押金，押金是包含在价格里面的，把废旧电池送到废品站时，押金就能得到返还。

德国实行的是"撒网式"收集系统，充分利用居民小区的生活垃圾收集系统、废旧家电收集系统、包装收集系统等。各个场所均设置了指定收集箱，每个星期，收集垃圾的卡车会一次性将垃圾和废旧电池清理干净。

在"循环利用"上，德国各家企业更是高招连连。比如，一家企业将旧电池磨碎，送往炉内加热，可提取挥发出的汞、锌等，锰和铁可熔合为炼钢所需的锰铁合金；有的企业从电池中提取铁元素，并将氧化锰、氧化锌、氧化铜等金属混合物作为金属废料直接出售；还有企业兴建了"湿处理"装置：先将电池溶解于硫酸，再从溶液中提取各种金属物。

"不得随意丢弃旧电池，更不能遗弃蓄电瓶"，"旧电池不能与其他垃圾混合处理，必须投入指定回收箱，并交由物业集中处理。"在瑞士，每个社区都有这样的明文规定，这也成为了瑞士家喻户晓的常识。

据瑞士联邦政府统计，目前整个瑞士设有 1.43 万个废弃电池回收箱，其中 30％ 以上设在商店中。与欧洲其他国家 25％—40％ 的电池回收处理率相比，瑞士政府并不满足于自己创造的 66.4％ 以上的成绩，而是将目标定在了 80％ 以上。

瑞士之所以能实现如此高的回收率，最重要的原因之一是政府立法鼓励全民回收、利用再生资源，并先后制定了一系列法律法规。此外，瑞士全国还有各类民间"回收协会"，负责官方机构、零售商，乃至

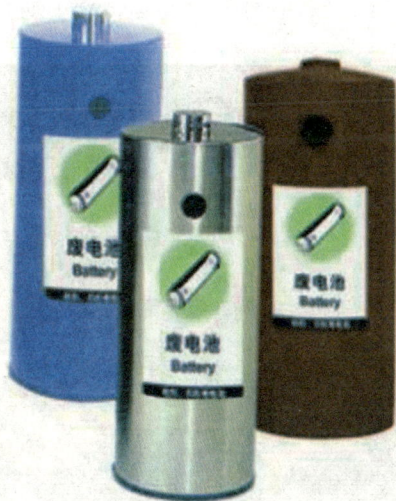

废弃电池回收箱

41

普通居民间的密切联络。

在瑞士，不同类型的电池采取不同的处理方法，其中包括深层填埋、热处理（包括真空热处理和高温热处理）、溶液"湿处理"等。采取温度不同的热处理，还可以获取诸如氧化铜、氧化锰、氧化镍等混合金属。尽管热处理过程需要消耗大量能源，处理成本相对较高，但对环境影响最小，所以目前瑞士主要依靠此方法处理废旧电池。

在美国，汽车蓄电池的回收工作做得最好，回收率几乎达到100%。以纽约州为例，法律规定，废弃不用的汽车蓄电池或拿回给零售商，或送到专门回收站，或放到清洁局专属的垃圾清理场中，绝不能和普通垃圾混在一起随便丢弃。法律还规定，汽车电池零售商每月有免费回收每人两个蓄电池的义务；消费者购买汽车电池时，要多交5美元手续费，作为未来的回收费用。除汽车电池外，铅酸电池、镍镉电池也有定点回收处，消费者可以将用完的电池交给制造商、零售商或批发商。

在法国，从2001年1月1日起，相关部门规定强制生产、销售电池的商户对电池进行收集、分类和回收工作；销售商必须免费收回消费者送来的废旧电池；禁止将电池与其他垃圾一起丢弃，而应放到专用收集容器内；电池回收点应有明显标志，并定期有人清理运走；销售难以拆卸电池的电器时，商店必须回收相关电器；电池广告中必须同时注明废旧电池的回收点和回收方法等。

镍镉电池

日本1991年制定了《促进再生资源利用相关法律》，后经修改规定：在小型充电电池中，除镍镉电池外，镍氢和锂电池的回收和再利用都应由制造商负

责。据统计，2005年，日本全国的废弃电池约有5.7万吨，其中超过半数由"野村兴产"和"东邦亚铅"等专门公司负责处理和再利用。

在日本，普通干电池一般是作为不可燃垃圾处理的，但抛弃前，要求把电池的正负极用绝缘胶带封住，尤其是一次性锂电池，如果仍有剩余电量，在接触到金属后很可能出现发热、破裂，甚至引起火灾。

镍镉、镍氢等充电电池回收后，会运送到专门的电池处理厂进行"再生"。首先要经过600℃—800℃的高温加热，使其中的水银化为蒸汽以便分离。回收的大部分水银被利用于荧光灯等的原材料；铁、亚铅、锰、镍等被分离后，会用作新电池原料或磁力材料。

纽扣电池多用于计算器、游戏机等小型电子产品，"碱性纽扣电池"在日本相当普及，回收这类电池主要是为提取铁、亚铅、镍和锰等金属。另一种是"酸化银纽扣电池"，由于其中含有珍贵的银金属，回收的主要目的是把银提取出来。

各国对废玻璃的利用

玻璃工厂每天都有大量的玻璃废料产生，生活中也有大量的废玻璃产生，统计表明，废玻璃量约占城市垃圾总量的4%～8%。

对废玻璃的回收利用有着诸多的好处，可以节省原料（每制造1000千克玻璃约需1200千克原料），降低能耗，减慢矿山的开采进程，此外，熔制玻璃产生的化学反应是吸热式的，使用碎玻璃可节省生产产品的能量。在玻璃配合料中，增加10%的碎玻璃，可以节省2～3%的能量。数据显示，在再生利用废玻璃制取玻璃制品时，掺用1吨废玻璃可节约石英砂682千克、纯碱216千克、石灰石214千克、长石粉53千克，并节省标准煤1吨，节电400度。

下面是各国对废玻璃的回收利用：

■图与文

废玻璃根据其来源可分成日用废玻璃（器皿玻璃、灯泡玻璃）和工业废玻璃（平板玻璃、玻璃纤维）。回收的废玻璃经分类、清洗后，一部分废玻璃经挑选后可直接重新应用，如制镜和做玻璃饰面材料等。一部分废玻璃经加工、粉碎后，将其掺入配合料中用来熔化玻璃。

■比利时

在比利时首都布鲁塞尔街头，一种能自动分拣各色玻璃的智能玻璃回收箱随处可见。该装置设有3个分类箱，一个用于装有色玻璃，如酒瓶之类；另一个用于装无色玻璃，如玻璃罐头瓶等；第三种用于存放非玻璃物品。当你把瓶子放进回收箱时，箱内的光学技术装置就会对瓶子进行识别，鉴别有色还是无色，并计算出瓶子的重量，随后开始自动分拣和破碎程序，箱内安装了一种简易的撞击活塞，它可根据玻璃瓶罐再生利用的重量自动调节破碎力，被破碎后的玻璃片被自动输入分色玻璃箱。至于那些混入的非玻璃垃圾，回收箱不但能够自动鉴别出来，同时会将它们归纳到第三个存放非玻璃品的垃圾箱

锤式破碎机

里。该智能玻璃回收箱不但提高了回收箱空间的利用率，而且玻璃瓶被破碎成玻璃碎片后，还能使玻璃垃圾的体积减小了70%。

■法　国

法国圣戈班生产的平板玻璃有 2/3 是经过了深加工处理后再应用到市场的，无论是平板玻璃生产工厂还是深加工玻璃企业，其边角碎料及废玻璃达到 100% 被回收用于生产新玻璃。另外，圣戈班每年为食品、香水和医药领域生产 300 万亿只玻璃瓶和玻璃罐，其中 75% 的玻璃瓶被回收用于生产新瓶和玻璃棉。

■英　国

英国用碎玻璃作砖的溶剂：英国政府一直提倡玻璃工业以外的碎玻璃应用。一项实验表明，粉碎的碎玻璃可以作为溶剂加入普通的黏土中，但应用的碎玻璃必须磨细。

英国还研制成功一种新型玻璃破碎机，该玻璃破碎机能对有色玻璃进行识别，使之避免进入熔窑，该系统包括一个计量振动仓、玻璃破碎机、转筒筛、金属识别和分拣设备以及输送机，该机同样能对陶瓷产品进行破碎、识别和分拣。破碎机内灵活的冲击锤将玻璃破碎，但其它废物如纸、塑料和大块金属物等用转筒分拣。破碎机可破碎的范围最大 50 毫米，最小 12 毫米，能破碎各种玻璃瓶。

英国格林尼治大学研究人员发现，把包括有色玻璃在内的废玻璃和石灰、苛性钠一起放在密闭容器中加热到 100℃，会生成一种名为雪硅钙石的物质。而雪硅钙石对污水中的有毒重金属等物质有较好的吸附力，可作为污水处理剂。

■美　国

在美国，碎玻璃的回收和加工量呈逐年上升的趋势。碎玻璃加工由瓶罐玻璃厂承担转变为建立独立的公司，专门从事碎玻璃的回收和加工。这种回收加工系统可使玻璃厂家减少开支，提高产品质量和只获得所需颜色的碎玻璃。此外，专业化公司可向玻璃纤维及填料生产厂家供应按颜色分类的碎玻璃。

美国把大量废玻璃应用在建筑工业中，如用废玻璃代替岩石骨料，各种砖的黏土材料和水泥块产品的骨料，用玻璃粉代替黏土砖里的黏土矿物组分，它可作为助熔剂，通常，玻璃能增加黏土砖耐风化程度和黏土砖的强度，当玻璃做助熔剂时，可降低烧成温度，节省能量，减少成本，增加砖产量 50%。

美国还把废玻璃应用于混凝土中，许多研究表明含有 35% 玻璃砖石的混凝土，已达到或超出美国材料测试协会颁布的抗压强度、线收缩、吸水性和含水量的最低标准。美国矿山局进行试验测试后认为用膨胀的玻璃骨料替代玻璃碎片效果更佳。用掺有发泡剂的玻璃粉，加热到玻璃熔化点，直至冷却之前，气泡由加热的混合物中逸出，在硬的球体上产生多孔结构，用控制泡形成量的方法，可制成其密度接近固态玻璃并能易浮在水中的轻质骨料，标准的混凝土每立方英尺重 140 磅。用轻质骨料替代混凝土中的砂或石子、混凝土的重量能减少一半而不降低它的强度或其它所要求的性质。

玻璃粉是一种易打磨抗划高透明粉料，粒径小、分散性好、透明度高、防沉效果较好；经过多次表面改进，具有良好的亲和能力，并且有较强的位阻能力，能方便地分散于涂料中，成膜后可增加涂料丰满度，制成的水晶透明底漆类，既保持清漆的透明度，又提供良好的打磨性。主要用于生产高档家俱时作水晶底漆用，也广泛用作装修用底面两用漆。适用范围：聚脂漆、聚氨脂漆、硝基漆、醇酸漆、丙烯酸漆、乙烯酸漆等，PE 透明底漆等。

图与文

玻璃粉主要用于生产高档家具时作水晶底漆用，也广泛用作装修用底面两用漆。一般添加比例 5%—10%。

美国纽约的美国能源部所属布克海文国际实验室把液态聚丙烯或聚酯苯乙烯树脂注入模具填充到碎玻璃形成的最小孔隙中，管子被聚合后，从模具中取出，再加

工。实验室测试结果表明碎玻璃—聚合物复合材料比水泥或黏土管的强度高 2 ~ 4 倍，有较强的耐化学腐蚀性和耐吸是水性。如今，用各种树脂和碎玻璃混合后制造的大量管道、管材已安装在美国工业和水处理工厂成功地投入应用。科研人员还发现，用 60 ~ 85% 的废玻璃和 15 ~ 40% 的石料代替沥青辅料，由于其导热率低，可在冬季用于路面维修和施工。最著名的 "玻璃沥青" 就是以 30% 的沥青和 60% 废玻璃碎块为骨料的组合体。将回收的玻璃用于沥青道路的填料。此外，美国西加尔陶瓷材料公司研制成功用碎玻璃生产的大小为 2 平方厘米、厚 4 毫米的五颜六色贴面材料。

美国、加拿大及欧洲等国都利用废玻璃生产泡沫玻璃。把废玻璃粉碎后，加入碳酸钙、碳粉一类发泡剂及发泡促进剂，混合均匀，装入模子，放入炉内加热，玻璃在软化温度的条件下，掺加发泡剂形成气泡，制成泡沫玻璃，经出炉、脱模、退火、锯成标准尺寸。泡沫玻璃具有优越的绝热(保冷)、吸声、防潮、防火、轻质高强等特性。加拿大的魁北省蒙特利尔市康迪亚大学建筑研究中心的一个教授研究了各种云母的新应用。他发现加热云母和废玻璃粉的混合物至玻璃的烧结温度时，像标准的碳酸盐发泡剂一样，混合物会产生气泡。与泡沫玻璃、黏土砖和混凝土相比，玻璃——云母复合材料具有较高的强度和耐老化性，进一步仔细控制最初的混合组分和反应，能使玻璃——云母复合材料制成多层和夹层产品，该多层产品起热绝缘（多孔层）和承重（致密层）的双重作用。

■加拿大

在加拿大，有企业将回收的废玻璃瓶，包括瓶盖、标签等，研制成细粉状，制成了用途广泛的玻璃砂，进而制成屋瓦和

泡沫玻璃制品

新型净水设备的内胆。

■瑞　士

瑞士以回收的碎玻璃为原料，天然气为燃料，用回转窑生产质量和要求较低的泡沫玻璃粒，作为性能优越的隔热、防潮、防火、永久性的高强轻质骨料，用于建筑业。另外科研机构在实验室还研制成功了黏土—锯屑—玻璃系统的泡沫玻璃，其方法是利用树木锯屑和白黏土、玻璃粉（回收的碎玻璃）压制成型，干燥后进入推板式隧道窑烧结，由于木屑被完全烧掉形成大量空隙，而形成具有一定机械强度和隔热性能的玻璃制品。其特点在于所用原料价廉，不需要模具，大大降低投资，同时它在烧裂时不软化、不变形、外形美观具有较好的装饰效果。据报道，科研人员还成功地将回收的碎玻璃（玻璃粉）生产黏土砖。他们将玻璃粉可作为助熔剂代替黏土砖里的黏土矿物组分。通常，玻璃能增加黏土砖耐风化程度和黏土砖的强度，当用玻璃粉作助熔剂时，可降低烧成温度，节省燃料，降低成本。

■芬　兰

芬兰英诺拉西公司采用独特的技术利用回收废玻璃生产饰面砖，饰面砖成品中回收废玻璃含量约为95％。生产过程中，废玻璃原料无需提纯或着色，掺5％必要的添加物混合之后，经压模、成型、再送入温度为900℃的炉内焙烧12小时，烧结成为成品。该玻璃饰面砖的颜色多种多样。杂色碎玻璃生产的面砖为灰绿色，碎玻璃分色处理后生产的面砖为白色。两种碎玻璃原料均可与各种陶瓷色料混合配用，产生需要的颜色。这种材料为性能稳定的不定形无机材料，该产品具有很好的抗化学腐蚀性，且其耐磨性能及抗折强度均与天然石材一致。目前再生玻璃饰面砖产品技术成熟，应用范围广泛，前景看好，外形美观的绿色建材再生玻璃饰面砖具有多种性能，不仅适于外墙饰面，也可用于室内装饰，壁炉装饰、园艺以及其它环境的装饰。

■德　国

德国已建立起覆盖全国的废弃平板玻璃集中、处理网络和碎玻璃加工处理公司，至今已经取得了良好的效果。其中回收的废旧平板玻璃可以根据要求进行熔化，不会产生性能变化，因此，用废玻璃可以生产出优质的玻璃产品。一般情况下碎玻璃用量占配合料的22%。外购玻璃中不应含任何杂质，同时也应进行颜色分拣。浮法玻璃（无色平板玻璃的一种）所用碎玻璃中压延玻璃或着色玻璃的

浮法玻璃

最大用量应在5%以下。如果不符合上述要求，那么会导致玻璃产生缺陷，如气泡、杂质、条纹、色差、板厚及透光率不均等。有些玻璃不能直接用于浮法玻璃的配合料中，如夹丝玻璃、夹层建筑玻璃、夹层汽车玻璃、中空玻璃、防火玻璃等。这些玻璃需经过废玻璃回收公司做特殊处理后才能使用。

德国的碎玻璃加工处理公司拥有先进高效的设备，将非玻璃产品从废玻璃中分拣出来，制成不含杂质的玻璃碎粒。其步骤如下：将各种分拣出来的废玻璃送至粗碎机，破碎成块状，再送入粗选室由人工拣出塑料、金属、石块及陶瓷等杂质。用磁铁制品拣出后送入细碎机，根据用户要求破碎成不同的颗粒（0～40毫米）。如果是夹层玻璃，可通过筛子将胶片筛出。通过电子扫描装置进行检测合格后，装入容器内。

■俄罗斯

俄罗斯国家建材工艺研究院玻璃和微晶玻璃化学工艺教研室的研究人员利用工厂中回收的瓶罐、平板和显像管二次废玻璃以及普通石英砂生产硅玻璃、硅粉和多孔玻璃砖获得成功。他们采用化学组成不同的废碎玻璃生产硅玻璃可以使玻璃具有一些特殊的性能。例如，研制出生产具有高度防放射性辐射指标的硅玻璃原料和工艺参数，并采用废光学玻璃和水晶玻

璃生产出硅玻璃。另外，在瓶罐和平板玻璃的混合碎玻璃的基础上生产球体和椭圆体颗粒形式的多孔玻璃，颗粒具有粗糙的或玻璃化的表面。

■ 日 本

日本东京都立产业技术研究所成功开发出利用玻璃瓶碎玻璃等城市废弃物生产微晶玻璃的再生技术。微晶玻璃的组成中玻璃瓶碎玻璃和混凝土淤渣占95%以上。据介绍，这种微晶玻璃是硅灰石形式，抗弯强度是大理石的1.65倍，耐酸性约8倍，可充分作为建材使用。

■图与文

微晶玻璃又称微晶玉石或陶瓷玻璃，是一种外国刚刚开发的新型的建筑材料，学名叫做玻璃水晶，具有玻璃和陶瓷的双重特性。

日本新日铁化学公司利用废玻璃生产出硬质吸音板。与以前一般陶瓷系硬质吸音板相比，不仅价格降低一半，重量减轻，而且强度得到提高。该板是利用废玻璃制轻质球形颗粒而制成的。每平方米重5～10千克，重量是一般瓷系硬质吸音板的25%～35%，抗弯强度提高了一倍，吸音性能却相同。

日本丰田汽车公司与瓷砖制造厂家——伊奈制陶公司共同开发出从废汽车处理后的废弃物中分离出碎玻璃的技术。将碎玻璃粉碎加工成粒径20微米的玻璃粉，以3%的比率掺入瓷砖原料中，在1200℃中烧成瓷砖。此时瓷砖的抗弯强度比以前的提高了10%，并可

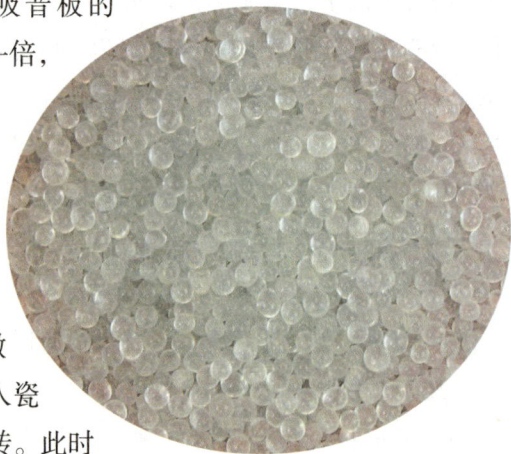

玻璃微珠

使瓷砖变薄。

还有，在国外用碎玻璃生产玻璃微珠做路标反射材料这一工艺十分普遍，几乎所有微珠都是用100%碎玻璃做的，据报道，美国是世界上采用碎玻璃生产玻璃微珠做路标反射材料最早国家之一，每年用来做玻璃微珠的碎玻璃消耗在5万吨以上，居世界首位。

跟这些国家相比较而言，我国废玻璃的回收利用无论是从水平上还是从规模上都逊色不少。我国的废玻璃回收率大约只有13%～15%左右，大量的废玻璃还没有得到有效的回收与利用。目前中国建筑玻璃与工业玻璃协会正在进行这项工作，内容是将废玻璃经清洗、破碎、磁选等工作后分级包装，进而用于平板玻璃、玻璃瓶罐、塑料、建筑材料的再创造。

地沟油如何变废为宝

地沟油泛指在生活中存在的各类劣质油，如回收的食用油、反复使用的炸油等。地沟油最大来源为城市大型饭店下水道的隔油池。

地沟油可分为三类：

一是狭义的地沟油，即将下水道中的油腻漂浮物或者将宾馆、酒楼的剩饭、剩菜经过简单加工、提炼出的油。

二是劣质猪肉、猪内脏、猪皮加工以及提炼后产出的油。

地沟油的净化设备

三是用于油炸食品的油使用次数超过一定次数后，再被重复使用或往其中添加一些新油后重新使用的油。

地沟油对人体危害很大，长期食用地沟油会破坏人们的白血球和消化道黏膜，引起食物中毒，甚至致癌的严重后果。所以在世界各国，"地沟油"是严禁用于食用油领域的。

解决地沟油最好的办法是变废为宝，循环利用。

在日本，有三个让地沟油迅速消失的高招。首先，日本政府高价回收地沟油；其次，回收来的废油中立刻加入蓖麻油以防重新被食用。专业公司要将回收的地沟油加工成可供垃圾车燃烧的生物柴油，因此，通常情况下，他们会在第一时间往回收来的地沟油中加入一定比例的蓖麻油，蓖麻油是完全无法食用的，这样，不仅方便了日后提纯时使用，还从根本上防止了地沟油重新流向餐桌；第三，对食品卫生非常苛刻的社会舆论监督。日本社会对食品卫生有着极其敏感的神经。在日本，一旦发生类似地沟油流入食品行业的事件，除了受到法律严惩之外，肇事企业肯定会因失去顾客而倒闭。在这种情况下，用地沟油加工食品，社会成本之高让违法犯罪者望而却步。

2001 年，日本开始实施《食品废弃物循环法》，该法规定，大型超市及餐厅等餐饮业有义务对食物垃圾再资源化，并设法抑制垃圾的产生。在日本京都，自 1997 年，家庭或餐饮场所烹调废油被收集、回收，用于生产甲基醚（一种生物柴油燃料），给城市垃圾车和客车提供燃料。2006 年 4 月，956 家市垃圾收集站共从餐馆和自助餐厅收集了约 150 万公升的烹调废油，最终用作生产生物柴油的原料。京都建设的废油回收设施自 2004 年以来开始运

■图与文

地沟油是对那些大量暗淡浑浊、略呈红色的膏状物，经过一夜的过滤、加热、沉淀、分离出来的清亮的"食用油"。

行，每天回收5000升食用油，保证了符合质量标准的稳定的供应燃料。

美国联邦政府对于餐厨垃圾没有强制回收利用的规定，但是各州各自有对于餐厨垃圾的规定。烹调废油不允许倒入水槽或是厕所，因为油脂会阻塞管道、污染水源和破坏生态环境。回收和再利用食用油时必须注意以下几点：食用油完全冷却后再处理；确定食用油是否可以再利用；用于油炸的食用油可以多次使用；将食用油过滤后存放在容器中；有些商店出售回收食用油的壶，壶上有过滤器用于收集松散的颗粒；另外，回收大量用过的食用油必须在当地饭店的帮助下，倒入油脂垃圾桶，之后回收；将厨房垃圾和冷却的食用油用于堆肥处理。对于不能回收或再利用的食用油，如果量少，仔细地倒进一个强大的密封容器，如一个咖啡罐或旧的塑料或玻璃罐，丢弃到住宅垃圾收集处。如果量较多，则放置到家用化学物收集中心。另外据报道，美国还利用地沟油建造任何房顶都能使用的保护层，以此来吸收或者阻挡阳光，保持室内温度。

在德国，每一桶泔水都有张"身份证"，从产出、回收到利用都严格记录在案。任何一个环节出问题，很快就能查明。德国餐馆必须与政府签订"泔水回收合同"，详细规定了泔水由哪家企业回收、何时回收、回收后由谁加工等。同时，开餐馆前，必须购置油水分离的设备。油水分离设备被放置在一个专门的房间里，餐厅所有泔水都经这里处理。经过沉淀、分离等6道程序，地沟油就分离出来了。这个处理设备是按照最严格的欧洲油脂分离标准设计的。

在美国，地沟油由专用车拉走处理

分离出来的油由政府特批的公司统一回收。回收来的废油，除了制成生物柴油外，不少企业还从中提炼出特殊成分，用于生产化学品、有机肥料等。据说，德国地沟油回收利用率已达到100%。

在英国，英国环境、食品与农村事务处规定，从2004年的10月31日起，餐饮场所烹调废油不再用作动物饲料，食品生产用油和未使用过的烹调油可以继续用作动物饲料。任何人若用餐饮场所烹调废油喂食动物将视为违法。餐饮废油由官方认可的公司收集，之后或者提供给生物柴油生产商，或是倒入焚化炉用于发电。

对于烹调废油，新西兰政府规定，烹调废油不允许倒入水槽或是厕所，无论数量多少，无论是在餐厅还是家里。因为其中的油脂会阻塞管道、污染水源、破坏生态环境。新西兰餐馆的厨房里都安装有食物垃圾处理机以及油脂分离装置。该装置比较先进，不用人工对食物废料和残羹剩饭进行含油量筛选，统一倒在机器里，那些残渣会被粉碎和无害化处理后排入下水道，而那些带有油脂的废水将自动流入油脂分离装置后再被分离出来，废油和脂肪单独储存在另外一个容器里，由政府指定的公司负责收集。新西兰居民每家的厨房里也装有食物垃圾处理机，机器安装于厨房水槽下，与排水管相连。每几户人家房子下面有一个简易的油脂过滤装置，用以分离烹调以后的废油脂。新西兰废油回收公司提供上门服务，他们用移动的专业过滤设备，上门为餐馆或家庭进行食用油过滤并清洗油桶。

从2011年9月开始，荷兰皇家航空公司将要对炒菜用过的油进行加工，为飞机提供燃料。植物油如何转变成飞行燃油？方法是先将植物油进行脱氧处理，然后就是一系列的有机化学过程，关键一步是进行加氢裂化，在持续的氢气压力作用下，分子间碳键被破坏，生成较小的碳氢化合物，其产物就是不饱和烃，此时，就已经很接近燃料了，然后再进行"异构化"，即将化学物质的自身组成结构进行改变，真正成为所需要的"可再生飞行燃料"。

目前，国内处理地沟油的方法是采用固定化酶法生产生物柴油，该工艺不仅具有技术创新先进，流程合理可靠，经济环保，节能再生，变废为

宝的优势，还具备反应条件温和，对原料无选择性，设备简单，醇用量少，废物零排放等特点。生物柴油作为清洁能源，可代替矿物燃料油，且不含重金属，对于节能减排具有重要意义。生产出来的固废物可以作蛋白饲料添加剂，高温处理过程中产生的沼气可以用来发电，其废水经发酵后转为有机液肥，可以用于蔬菜种植。另外，据报道，研究人员研制成功用"地沟油"制备选矿药剂的综合利用技术，这项技术可利用"地沟油"生产用于选矿的脂肪酸和脂肪酸钠，几乎不会产生二次污染。目前该项技术已开始在部分钢铁企业应用，并取得满意效果。

废旧纤维资源大变身

随着人们生活水平的提高，衣服和家用纺织品等的消费量飞速增长。据报道，英国人每人每年在衣服上大约花费 600 英镑，而丢弃的衣服为 400 英镑。日本每年也有近 100 万吨的服装被作为垃圾扔掉，仅 10% 被再利用。我国是世界知名的纺织大国，每年消耗的纺织纤维量十分惊人，大部分纺织品几年后就会变成废旧纺织品。

传统处理废旧纺织品的方法主要是焚烧和掩埋，但以涤纶、腈纶和丙纶为代表的合成纤维的分解过程非常缓慢，掩埋在土壤中会危害植物的生长，又浪费了材料。将废旧纺织品中热值较高的化学纤维通过焚烧方式转化为热量用于火力发电，对于那些

图与文

科学生产实验表明，99% 的纺织品都可以回收利用。因此，废旧纺织品被抛弃显然是大大浪费了。

不能再循环利用的废旧纺织品来说是适合的，但焚烧过程中会释放出有毒物质，造成环境污染，因此，也不可取。

化学降解回收法是一种可以实现纤维材料循环利用的好方法。它是在高温下，将废旧纺织品中的高分子聚合物解聚，得到单体或低聚物，然后再利用这些单体重新制造出新的化学纤维。对于通过缩聚反应合成的高分子聚合物，如涤纶纤维和锦纶纤维，在降解过程中要添加解聚剂。而烯烃类聚合物，如聚乙烯、聚丙烯、聚苯乙烯等，则需要在还原性气体氛围下进行降解。目前该方法在一些价值较高的化学高分子材料的回收再利用中已实现了规模化生产。

废旧纺织品除了产品结构和性能不能满足实际使用要求外，纤维原料的高分子结构和性能没有发生根本的变化。因此，可以通过化学改性的方法实现废旧纺织品的回收利用。这种方法通过接枝改、交联、水解等化学方法实现废旧纺织品的功能变化。比如，将在燃烧中会产生氰化物的废旧腈纶纤维通过水解后，可由易起静电材料变为吸水性材料。废旧腈纶纤维水解产物应用范围很广，可用做粘合剂、印染助剂、农业生产和城市垂直绿化的土壤改良剂和吸水材料、油田用泥浆处理剂、聚合物阻垢剂等，后来又应用于制备离子纤维及新型功能材料等领域。

废旧纺织中除部分纤维磨损、断裂外，大部分纤维依然保持良好的性能，因此可以采用非织造成形技术对废旧纤维回收利用。通过剪切和撕裂等机械处理，可以把针织物和机织物从织物变成短纤维，然后经过机械梳理或气流成网的方法成形为纤维网，再采用针刺、热轧或水刺等方法加固，就可以成为具有吸音、隔音、隔热、保暖等功能的非织造材料，用做充填物，汽车吸音材料及土工材料，建筑材料，例如绝缘板、屋顶油毡以及低档次的毛毯。也可以通过与树脂浸渍成为板材，用做家庭装饰材料和汽车门板和车身挡板等。

非织造成形技术手段多样、灵活并可组合应用,对各种纤维的适应性强。同时，由不同纤维混合制成的非织造材料具有更为复杂的多孔性和弯曲通道，有更好的吸音和保暖性。因此，非织造技术在废旧纤维回收利用方面

具有广阔的发展前景。世界上最大的非织造布卷材生产商德国科得宝公司早在 20 世纪 90 年代后期就开始回收利用涤纶加工非织造布，产品由最初 5%～10% 的废旧涤纶纤维添加比例变为 100% 废旧涤纶纤维厚型非织造布。如今，回收利用废旧纺织品已成为一种趋势，我国《纺织工业"十二五"规划》要求按照"减量化、再利用、资源化"理念，逐步建立健全纺织品回收再利用循环体系，制定相关法规和标准，设立纺织品回收再利用管理和监控体系。

废弃物品的生活妙用

隔夜茶的生活妙用 〉〉〉

隔夜茶虽然不宜再喝了，但是它里面的营养成分仍然很丰富，可以用在其他方面。

（1）用隔夜茶擦洗门窗玻璃和瓷器等，会使其重新焕发明亮。

（2）晒干的残茶和炭末混合，覆盖在燃烧的煤炭上，可使燃烧力持久。

（3）用隔夜茶水洗头，可止痒、除头屑。若一直坚持用隔夜茶水刷眉毛，也可使眉毛浓密乌亮。

（4）隔夜茶含有很丰富的酸素、氟素，具有杀菌和防止毛细血管出血的作用，可治愈口腔出血、皮肤出血、疮口脓疡等。用隔夜茶漱口或洗脚，可以治愈口腔出血或脚跟干裂。

（5）眼睛出现红丝或总是流泪，可每天用剩茶水洗数次，效果良好。用电脑过多引起的眼睛干涩，每天用隔夜茶洗两次眼睛，效果十分显著。

（6）将剩茶晒干制成婴儿枕头，可避免婴儿上火。将剩茶点燃，可驱除蚊虫；放在厕所里熏烧，能消除臭味。

橘子皮的生活妙用 >>>

（1）橘子皮中含有大量的维生素 C 和香精油，将其洗净晒干与茶叶一样存放，可同茶叶一起冲饮，也可以单独冲饮，其味清香，而且提神、通气。

（2）橘子皮具有理气化痰、健胃除湿、降低血压等功能，可将其洗净晒干后，浸于白酒中，2～3 周后即可饮用，有清肺化痰的功效，浸泡时间越长，酒味越佳。

（3）烧粥时，放入几片橘子皮，吃起来味香爽口，还可起到开胃作用。

（4）烧肉或烧排骨时，加入几片橘子皮，味道既鲜美又不会感到油腻。

桔子皮粥

（5）熬粥时，放入橘子皮，粥熟后，不仅芳香可口，还能起到开胃的作用。对于胸腹胀满或咳嗽痰多的人，有辅助治疗之效。

（6）将橘子皮洗净烘干，研成粉末储存在玻璃瓶中做调味品，做菜、做汤时放上一点，可以增味添香。做馒头时放一点到面粉里，蒸出的馒头更加清香，口感更好。

淘米水的生活妙用 >>>

（1）用淘米水洗浅色衣服，可保持衣服颜色鲜亮。

（2）用淘米水洗手，有滋润皮肤的作用。

（3）用淘米水漱口，可以治疗口臭或口腔溃疡。

（4）将带腥味的菜，放入加盐的淘米水中搓洗，再用清水冲净，可去腥味。

（5）把咸肉放在淘米水里浸泡，可降低咸味。

（6）用淘米水洗猪肚，比用清水或盐水洗省劲、省事，且干净。

（7）常用淘米水泡洗的菜刀不易生锈。生锈的菜刀泡在淘米水中数小时后，容易擦干净。

（8）用淘米水浇灌花木或蔬菜，可使其长得更茁壮。

（9）用淘米水擦洗油漆家具，可使家具更明亮。

（10）用淘米水擦拭新漆器（4～5次），能除去臭味。

鸡蛋壳的生活妙用 〉〉〉

（1）制小工艺品。完整的空蛋壳，涂上油彩可成为工艺美术品。

（2）使皮肤细腻滑润。把蛋壳内一层蛋清收集起来，加一小匙奶粉和蜂蜜，拌成糊状，晚上洗脸后，把调好的蛋糊涂抹在睑上，过30分钟后洗去，常用此法会使脸部肌肉细腻滑润。

（3）消炎止痛。用鸡蛋壳碾成末外敷，有治疗创伤和消炎的功效。

（4）治烫伤。在鸡蛋壳的里面，有一层薄薄的蛋膜。当身体的某一部位被烫伤后，可轻轻磕打一只鸡蛋，揭下蛋膜，敷在伤口上，有助于减轻疼痛和加速伤口愈合。

（5）治腹泻。用鸡蛋壳30克，陈皮、鸡内金各9克，放锅中炒黄后碾成粉末，每次取6克用温开水送服，每天3次，连服两天。

（6）养花卉。将清洗蛋壳的水浇入花盆中，有助于花木的生长。将蛋壳碾后放在花盆里，既能

鸡蛋壳工艺品

保养水分，又能为花卉提供养分。

（7）使鸡多产蛋。将蛋壳捣碎成末喂鸡，可增加母鸡的产蛋能力，还可防治缺钙症。

过期牛奶的生活妙用 〉〉〉

喝剩的牛奶或者过期的牛奶，虽然不能再喝了，但还是有很多用途。

（1）用洗衣粉和过期牛奶的混合液清洗纱窗，纱窗会焕然一新。

（2）用牛奶加一点醋和开水混合，然后用棉球蘸着这种混合液在眼皮上反复擦5分钟，再用热毛巾捂一下，可以消除眼睛浮肿。

（3）在玻璃上贴标签时，先将标签在牛奶中泡一下，会贴得更牢。

（4）用柔软的布蘸少许牛奶擦拭镜子和镜框，将会使镜子或镜框更加明亮洁净，且不会留下水渍。

（5）衣服沾上了墨水，可先用清水洗，再用牛奶洗，接着再用洗洁精清洗，墨迹便可去无痕迹。

（6）如果白衬衣上留下了酒渍，用煮开的牛奶擦拭即可去掉；如果衣服上沾了水果渍，只要在痕迹处涂上牛奶，过几小时再用清水洗，就能洗干净；衣服上沾了铁锈，可先把有铁锈的地方用沸水浸湿，涂上发酸的牛奶，再抹上肥皂清洗即可。

（7）用牛奶擦皮革品，可使其柔软美观。打开的鞋油放久了，会变得发硬而不好再用，加入几滴牛奶就变软了，用起来如同新鞋油。

（8）清水和牛奶的混合液可用来灌溉花草。

第三章
农业废物的利用

农业废物是农业生产、农产品加工、畜禽养殖业和农村居民生活排放的废弃物的总称。按其成分，农业废物主要包括植物纤维性废弃物和畜禽粪便两大类。

农业废物的利用大有空间，如利用秸秆可制取有机肥料施之于地。或将切碎的秸秆混掺以适量的人畜粪尿作高温堆肥，经过短期发酵，可大量杀灭人畜粪便中的致病菌、寄生虫卵，然后再投入沼气池，进行发酵，产生沼气。蚯蚓含蛋白质丰富，是家禽、鱼类的优质饲料，蚯蚓粪是综合性的有机肥料。可以把农业秸秆、禽畜粪便及其铺垫物作为蚯蚓食料，推广蚯蚓人工养殖业等。

秸秆还田

秸秆是成熟农作物茎叶（穗）部分的总称，通常指小麦、水稻、玉米、薯类、油料、棉花、甘蔗和其它农作物在收获籽实后的剩余部分。农作物光合作用的产物有一半以上存于秸秆中，秸秆富含氮、磷、钾、钙、镁和有机质等，是一种具有多用途的可再生的生物资源。

我国农民对作物秸秆的利用有悠久的历史，只是由于从前农业生产水平低、产量低，秸秆数量少，秸秆除少量用于垫圈、喂养牲畜，部分用于堆沤肥外，大部分都作燃料烧掉了。随着农业生产的发展，我国自20世纪80年代以来，粮食产量大幅提高，秸秆数量也多，另外，农村随着烧煤和使用液化气的普及，秸秆大大富余了。同时科学技术的进步，农业机械化水平的提高，使秸秆的利用由原来的堆沤肥转变为秸秆直接还田。

简单地说，秸秆还田是把不宜直接作饲料的秸秆，如玉米秸秆、高粱秸秆等，直接或堆积腐熟后施入土壤中的一种方法。秸秆还田具有促进土壤有机质及氮、磷、钾等含量的增加；提高土壤水分的保蓄能力；改善植株性状，提高作物产量；改善土壤性状，增加团粒结构等优点。秸秆还田增肥增产作用显著，一般可增产5% ~ 10%。

秸秆还田一般分为堆沤还田、过腹还田、秸秆直接

■图与文

秸秆是一种粗饲料，其特点是粗纤维含量高（30%—40%），并含有木质素等。木质素虽不能为猪、鸡所利用，但却能被反刍动物牛、羊等牲畜吸收和利用。

还田、机械化秸秆还田等方式。

堆沤还田是将作物秸秆制成堆肥、沤肥等，作物秸秆发酵后施入土壤。

过腹还田是把秸秆作为饲料，在动物腹中经消化吸收一部分营养，像糖类、蛋白质、纤维素等营养物质外，其余变成粪便，施入土壤，培肥地力，无副作用。而秸秆被动物吸收的营养部分有效地转化为肉、奶等，被人们食用，提高了利用率，这种方式最科学，最具有生态性，最应该提倡推广。但目前过腹还田推广的深度、广度是远远不够的。

秸秆直接还田就是秸秆粉碎后直接覆盖在地表。这样可以减少土壤水分的蒸发，达到保墒的目的，腐烂后增加土壤有机质。但是这样会给灌溉带来不便，造成水资源的浪费，严重影响播种。这种形式只适合机械化点播，但目前缺乏此类点播设备，这种方式有时也比较适宜干旱地区及北方地区，进行小面积的人工整株倒茬覆盖。采取直接还田的方式比较简单，方便、快捷、省工。如果，还田数量较多，一般采用直接还田的方式比较普遍。直接还田又分翻压还田和覆盖还田两种。翻压还田是在作物收获后，将作物秸秆在下茬作物播种或移栽前翻入土中。覆盖还田是将作物秸秆或残茬，直接铺盖于土壤表面。

直接还田需要注意如下事项：

（1）无论是秸秆覆盖还田或是翻压还田，都要考虑秸秆还田的数量。如果秸秆数量过多，不利于秸秆的腐烂和矿化，甚至影响出苗或幼苗的生长，导致作物减产。过少达不到应有的目的。一般以每亩200千克为宜。

（2）要配合施用氮、磷肥。新鲜的秸秆施入田地时，在腐熟的过程中，会消耗土壤中的氮素等速效养分。在秸秆还田的同时，要配合施用碳酸氢铵、过磷酸

秸秆直接还田

钙等肥料，补充土壤中的速效养分。

（3）注意翻埋时期。一般在作物收获后立即翻耕入土，避免因秸秆被晒干而影响腐熟速度，旱地应边收边翻埋，水田应在插秧前15天左右施入。

（4）要施入适量石灰。新鲜秸秆在腐熟过程中会产生各种有机酸，对作物根系有毒害作用。因此，在酸性和透气性差的土壤中进行秸秆还田时，应施入适量的石灰，中和产生的有机酸。施用数量以30—40千克/亩为宜，以防中毒和促进秸秆腐解。

（5）有病的植物秸秆带有病菌，直接还田时会传染病害，这种情况可采取高温堆制，以杀灭病菌。作物秸秆要用粉碎机粉碎或用铡草机切碎，一般长度以1—3厘米为宜，粉碎后的秸秆湿透水，秸秆的含水量在70%左右，然后混入适量的已腐熟的有机肥，拌均匀后堆成堆，上面用泥浆或塑料布盖严密封即可。过15天左右，堆沤过程即可结束。秸秆的腐熟标志为秸秆变成褐色或黑褐色，湿时用手握之柔软有弹性，干时很脆容易破碎。腐熟堆肥料可直接施入田地。

机械化秸秆还田包括秸秆粉碎还田、根茬粉碎还田、整秆翻埋还田、整秆编压还田等多种形式，具有便捷、快速、低成本、大面积培肥地力的优势，是一项较为成熟的技术。机械化秸秆还田的主要特征是采用机械将收获后的农作物秸秆粉碎翻埋或整秆翻埋或整秆编压还田，使秸秆在土壤中腐烂分解为有机肥，以改善土壤团粒结构和保水、吸水、粘接、透气、保温等理化性状，增加土壤肥力和有机质含量，使大量废弃的秸秆直接变废为宝。

机械化秸秆还田可一次完成多道工序，与人工作业相比，工效提高了40～120倍，不仅争抢了农时，而且减少了环境污染，增强了地力，提高

机械化秸秆粉碎还田

了粮食产量，具有很好的社会效益和经济效益。

秸秆作饲料

　　秸秆饲料主要是指以甜高粱、玉米、芦苇、棉花等秸秆粉碎加工而成的纤维饲料。

　　秸秆粗纤维含量高，难以被动物消化吸收，可利用养分少，适口性差，在饲料分类学上归为粗饲料。粗纤维是由纤维素、半纤维素和木质素组成的。纤维素是D—吡喃型葡萄糖的聚合体；半纤维素则是由葡萄糖、木糖、甘露糖、阿拉伯糖、半乳糖等多种单糖残基聚合而成的异型多糖，木质素是由苯基丙烷聚合而成的一种非多糖物质。粗纤维是植物细胞壁的主要成分。

　　秸秆转化技术主要有下面几种：

　　（1）自然发酵处理法。这种方法是利用秸秆本身所带微生物发酵的方法，在发酵过程中，温度、湿度、PH值一定，又需激活剂，才可制出有一定营养价值的秸秆饲料。这种方法可在一定程度上提高饲料适口性，但无法分解粗纤维，难以改变秸秆的化学组成，氨基酸和蛋白质含量均不够高。

　　（2）高温酸处理法。主要将秸秆粉碎后经球磨机磨成粉，用盐酸将物料拌湿，使秸秆的粗纤维酸解，装入转化室，通入蒸汽升温至150℃，取出后用等当量烧碱中和，这种方法生产工艺复杂，

图与文

　　秸秆饲料天然有机高分子化合物，结构很牢固，只能吸水润胀，不能为为单胃动物的消化液和酶所分解，仅靠其盲肠微生物少量酵解，消化率很低。

腐蚀和污染严重，并且在高温酸解过程中，蛋白质凝固不易分解，难以消化吸收。

（3）氨化法。这种方法主要以尿素作为非蛋白质态氮源补充，用来合成新的菌体蛋白。用这种方法生产的饲料常称为氨化饲料。氨化饲料对于纤维素、半纤维素和木质素的酵解作用比较少，饲料的活化远远不够，消化能及总能均不高，一般只能喂养牛、羊等反刍动物。

（4）秸秆微贮法。这种方法是采用复合活杆菌厌氧发酵处理，有效改善秸秆适口性，提高采食量和改善动物肠胃的微生态平衡，但生产周期较长，且只能用于反刍动物。

（5）"EM 处理法"。这种方法采用 80 多种有益生物工程菌处理秸秆和饲料，在粪便除臭、在畜禽生长和防病方面有相当效果，但其成本较高。

（6）秸秆微贮技术。秸秆微贮技术通过加入木质素纤维素发酵剂，在密闭的厌氧条件下，促进秸秆纤维素、半纤维素和木质素的分解，改善秸秆的适口性，提高其消化率，并增加营养。

微贮秸秆有如下一些特点：

①适口性好。秸秆经微生物发酵后，质地变得柔软，并具有酸香酒气味，适口性明显提高，增强了家畜的食欲。与未经过处理的秸秆相比，一般采食速度可提高 43%，采食量可增加 20% 以上。

②营养价值和消化率高。在微贮过程中，经发酵剂作用后，秸秆中的纤维素和木质素部分被降解，同时纤维素木质素的复合结构被打破。这样，瘤胃微生物能够与秸秆纤维充分接触，促进了瘤胃微生物的活动，从而增加了瘤胃微生物蛋白和挥发性脂肪酸的合成量，提高了秸秆的营养价值和消化率，使秸秆变成动物的优质饲料，促进动物增重。

③成本低廉。只需 50 克或 50 毫升秸秆发酵剂，就可以处理 1000 千克秸秆，相对别的可以达到同样效果的手段来说要廉价得多。

④操作简便。秸秆微贮与青贮、氨化技术相比，更简单易学。只要把发酵剂活化后，放到 1% 的盐水中，然后均匀地喷洒在秸秆上，在一定的温度和湿度下，压实封严，在密闭厌氧条件下，就可以制作优质微贮秸秆

饲料。

⑤微贮饲料安全可靠，微贮饲料菌种均对人畜无害，不论饲料中有无微生物存在，均不会对动物产生毒害作用，可以长期饲喂。

⑥贮存期长。秸秆经微贮发酵后，能够形成大量的有机酸，这些有机酸具有很强的杀菌抑菌能力，因此发酵的微贮秸秆饲料不易发生霉变，可以长期保存。

秸秆微贮必须在密闭的无氧条件下进行。秸秆中氧气含量越少，有氧发酵时间越短，好氧性腐败微生物作用的时间越短，秸秆越不易发生腐败霉烂，微贮越容易成功。所以在填装微贮料时，一定要装紧压实，尽可能多地排除空气、封严，以防漏气。

微贮秸秆属于粗饲料，主要用来喂牛、羊等反刍动物和马、驴等草食家畜。微贮秸秆具有酸香气味、松软可口的特点，能够增进家畜的食欲。据试验，牛、羊等动物采食微贮秸秆的速度与未处理秸秆相比，可提高30%—43%，采食量可增加20%—30%；用微贮秸秆饲喂生长肉牛，每天添加2.5千克精料的情况下，其平均日增重可超过1.5千克；用于饲喂奶牛，每日可多产奶1.5—3千克。同时，用微贮秸秆喂畜还可防治畜禽肠胃疾病。

下面以玉米秸秆饲料为例来说明秸秆饲料意义及制作过程。

据测定，玉米秸秆含有30%以上的碳水化合物、2%～4%的蛋白质和0.5%—1%的脂肪，既可青贮，也可直接饲喂。就食草动物而言，2千克的玉米秸秆增重净能相当于1千克的玉米籽粒，特别是经青贮、黄贮、氨化及糖化等处理后，可提高利用率，效益将更可观。据研究分析，玉米秸秆中所含的消化能为2235.8千焦耳/千克，且营养丰富，总能量与牧草相当。对玉米秸秆进行精细加工处理，制作成高营养牲畜饲料，不仅有利于发展畜牧业，而且通过秸秆过腹还田，更具有良好的生态效益和经济效益。

玉米秸秆作饲料可以通过不同途径：

（1）青贮加工

该项技术是将青玉米秸秆铡碎至1厘米~2厘米长，使其含水量为

青储饲料

67%~75%，装贮于窖、缸、塔、池及塑料袋中压实密封储藏，人为造就一个厌氧的环境，自然利用乳酸菌厌氧发酵，产生乳酸，使大部分微生物停止繁殖，而乳酸菌由于乳酸的不断积累，最后被自身产生的乳酸所控制而停止生长，以保持青秸秆的营养，并使得青贮饲料带有轻微的果香味，适口性比较好。

（2）黄贮加工

这是利用微生物处理玉米干秸秆的方法。将玉米秸铡碎至 2 厘米～4 厘米，装入缸中，加适量温水焖 2 天即可。干秸秆牲畜不爱吃，利用率不高，经黄贮后，酸、甜、酥、软，牲畜爱吃，利用率可提高到 80%~95%。

（3）微贮加工

微贮就是利用微生物将玉米秸秆中的纤维素、半纤维素降解并转化为菌体蛋白的方法。具体方法是，把玉米秸秆切短，长度以 5 厘米~8 厘米（适宜喂牛的大牲畜）、3 厘米~5 厘米（适宜喂羊的较大牲畜）为宜，如喂猪，则宜粉碎，这样易于压实和提高微贮窖的利用率及保证贮料的制作质量。容器可选用类似青贮或氨化的水泥窖或土窖，底部和周围铺一层塑料薄膜，小批量制作可用缸或塑料袋、大桶等。秸秆含水量控制在 60%~70%，在秸秆中加入微生物活性菌种，使玉米秸秆发酵后变成带有酸、香、酒味家畜喜食的饲料。

（4）酸贮加工

酸贮加工是化学处理方法，在贮料上喷洒某种酸性物质，或用适量磷酸拌入青饲料储藏后，再补充少许芒硝，可使饲料增加含硫化合物，有助于增加乳酸菌的生命力，提高饲料营养，并抵抗杂菌侵害。该方式简单易行，

能有效抵御"二次发酵"，取料较为容易。此法较适宜黄贮，可使干秸秆适当软化，增加口感和提高消化率。

（5）氨化加工

氨化是最为实用的化学处理方法，先将玉米秸秆切成2厘米～3厘米长，秸秆含水量调整在30%左右，按100千克秸秆用5千克~6千克尿素或10千克~15千克碳酸氢铵，兑25千克～30千克水溶化搅拌均匀，配制尿素或碳酸铵水溶液，或按每100千克粗饲料加上15%的氨水12千克～15千克。分层压实，逐层喷洒氨化剂，最后封严，在25℃~30℃下经7天氨化即可开封，使氨气挥发净后饲喂。

氨化秸秆饲料常用堆垛法和氨化炉法制取。氨化处理的玉米秸秆可提高粗纤维消化率，增加粗蛋白，且含有大量的胺盐，胺盐是牛羊反刍动物胃微生物的良好营养源。氨本身又是一种碱化剂，可以提高粗纤维的利用率，增加氮素。玉米秸秆氨化后喂牛羊等不仅可以降低精饲料的消耗，还可使牛羊的增重速度加快。

（6）草粉加工

玉米秸秆粉碎成草粉，经发酵后饲喂牛羊，作为饲料代替青干草，喂饲效果较好。凡不发霉、含水率不超过15%的玉米秸秆均可为粉碎原料，制作时用锤式粉碎机将秸秆粉碎，草粉不宜过细，一般长10毫米～20毫米，宽1毫米~3毫米，过细不易反刍。将粉碎好的玉米秸秆草粉和豆科草粉按3∶1的比例混合，整个发酵时间为1天~1.5天，发酵好的草粉每100升加入0.5千克~1千克骨粉，并配入25千克~30千克的玉米面、

图与文

玉米秸秆饲料含有30%以上的碳水化合物、2%～4%的蛋白质和0.5%—1%的脂肪，既可青贮，也可直接饲喂。

麦麸等，充分混合后，便制成草粉发酵混合饲料。

（7）膨化加工

膨化加工是一种物理生化复合处理方法，其机理是利用螺杆挤压方式把玉米秸秆送入膨化机中，螺杆螺旋推动物料形成轴向流动，同时由于螺旋与物料、物料与机筒以及物料内部的机械磨擦，物料被强烈挤压、搅拌、剪切，使物料被细化、均化。随着压力的增大，温度相应升高，在高温、高压、高剪切作用力的条件下，物料的物理特性发生变化，由粉状变成糊状。当糊状物料从模孔喷出的瞬间，在强大压力差作用下，物料被膨化、失水、降温，产生出结构疏松、多孔、酥脆的膨化物，其较好的适口性和风味受到牲畜喜爱。从生化过程看，挤压膨化时最高温度可达 130℃~160℃。不但可以杀灭病菌、微生物、虫卵，提高卫生指标，还可使各种有害因子失活，提高了饲料品质，排除了促成物料变质的各种有害因素，延长了保质期。

玉米秸秆热喷饲料加工技术是一种类似的复合处理方法，不同的是将秸秆装入热喷装置中，向内通入饱和水蒸气，经一定时间后使秸秆受到高温高压处理，然后对其突然降压，使处理后的秸秆喷出到大气中，从而改变其结构和某些化学成分，提高秸秆饲料的营养价值。经过膨化和热喷处理的秸秆可直接喂养家畜，也可进行压块处理。

（8）碱化加工

碱化加工是一种化学处理方法，用碱性化合物对玉米秸秆进行碱化处理，可以打开其细胞分子中对碱不稳定的酯键，并使纤维膨胀，这样就便于牲畜胃液渗入，提高了家畜对饲料的消化率和采食量。碱化处理主要包括氢氧化钠处理、液氮处理、尿素处理和石灰处理等。以来源广、价格低的石灰处理为例，100升水加1千克生石灰，不断搅拌待其澄清后，取上清液，按溶液与饲料1：3的比例在缸中搅拌均匀后稍压实。夏天温度高，一般只需30小时即可喂饲，冬天一般需80小时。

（9）颗粒饲料加工

将玉米秸秆晒干后粉碎，随后加入添加剂拌匀，在颗粒饲料机中由磨板与压轮挤压加工成颗粒饲料。由于在加工过程中摩擦加温，秸秆内部熟化程度深透，加工的饲料颗粒表面光洁，硬度适中，大小一致，其粒体直径可以根据需要在 3 毫米 ~12 毫米间调整。还可以应用颗粒饲料成套设备，自动完成秸秆粉碎、提升、搅拌和进料功能，随时添加各种添加剂。

小型颗粒饲料机

（10）压块加工

利用饲料压块机将秸秆压制成高密度饼块，压缩可达 1∶15~1∶5，能大大减少运输与储藏空间。若与烘干设备配合使用，可压制新鲜玉米秸秆，保证其营养成分不变，并能防止霉变。也可以加转化剂后再压缩，利用压缩时产生的温度和压力，使秸秆氨化、碱化、熟化，提高其粗蛋白含量和消化率，经加工处理后的玉米秸秆成为截面 30 毫米 ×30 毫米、长度 20 毫米 ~ 100 毫米的块状饲料，密度达每立方厘米 0.6 千克 ~0.8 千克，便于运输储存，适用于公司加农户模式，生产成本低。

秸秆发电

秸秆发电，就是以农作物秸秆为主要燃料的一种发电方式，又分为秸秆气化发电和秸秆燃烧发电。秸秆气化发电是将秸秆在缺氧状态下燃烧，发生化学反应，生成高品位、易输送、利用效率高的气体，利用这些产生的气体再进行发电。但秸秆气化发电工艺过程复杂，难以适应大规模应用，主要用于较小规模的发电项目。秸秆直接燃烧发电是 21 世纪初期实现规模化应用唯一现实的途径。

简单来说，秸秆发电就是通过在高温高压锅炉中直接燃烧经过预加工的秸秆产生热能，再进一步转化为电能。由于秸秆的独特特性，其很难达到较高的蒸汽参数。尤其是秸秆中氯化物含量较高，增加了锅炉在高蒸汽压力下腐蚀的可能性。因此，多数秸秆燃烧发电厂的发电效率只能达到30%左右。通常情况下，秸秆发电厂在发电的同时都供热，以提高整个电厂的效率。秸秆发电厂内建设两个独立的秸秆仓库。每个仓库都有大门，运输货车可从大门驶入，然后停在地磅上称重，秸秆同时要测试含水量。任何一包秸秆的含水量超过25%，则为不合格。测量完所有秸秆捆之后，测量结果可以存入连接至地磅的计算机。在仓库的另一端，叉车将检测合格的秸秆包放在进料输送机上。进料输送机有一个缓冲台，可保留秸秆5分钟。秸秆从进料台通过带密封闸门（防火）的进料输送机传送至进料系统。秸秆包被推压到两个立式螺杆上，通过螺杆的旋转扯碎秸秆，然后将秸秆传送给螺旋自动给料机，通过给料机将秸秆压入密封的进料通道，然后达到炉床进行焚烧发电。

秸秆通常含有3%—5%的灰分。这种灰以锅炉飞灰和灰渣/炉底灰的形式被收集，经测定，这种灰分含有丰富的营养成分，如钾、镁、磷和钙，可用作高效农业肥料。

■ 由马灵

秸秆发电是秸秆优化利用的最主要形式之一。据测定，每两吨秸秆的热值就相当于一吨标准煤，而且其平均含硫量只有3.8‰，而煤的平均含硫量约达1%。

从国际上看，丹麦在秸秆发电方面走在世界前列。20世纪70年代爆发世界第一次石油危机后，丹麦能源一直依赖进口，在大力推广节能措施的同时，丹麦积极开发生物质能和风能等清洁可再生能源，现在以秸秆发电等可再生能源已占丹麦能源消费量的24%以上。丹麦BWE公司是亨誉世界的发电厂设备研发、制造企业之一，长期以来在热电、生物发电厂锅炉领域处于全球领先地位。丹麦BWE公司率先研发的秸秆生物燃烧发电技术，迄今在这一领域仍是世界最高水平的保持者。在这家欧洲著名能源研发企业的技术支撑下，1988年丹麦诞生了世界上第一座秸秆生物燃烧发电厂。如今，BWE公司的秸秆发电技术已走向世界。瑞典、芬兰、西班牙等国由BWE公司提供技术设备建成了秸秆发电厂，许多国家还制订了相应的计划，如日本的"阳光计划"，美国的"能源农场"，印度的"绿色能源工厂"等，它们都将生物质能秸秆发电技术作为21世纪发展可再生能源战略的重点工程。位于英国坎贝斯的生物质能发电厂是目前世界上最大的秸秆发电厂。

我国是一个农业大国，生物质资源十分丰富。为推动生物质发电技术的发展，2003年以来，国家先后核准批复了河北晋州、山东单县和江苏如东3个秸秆发电示范项目，拉开了我国秸秆发电建设的序幕。据不完全统计，到2006年底，全国在建农作物秸秆发电项目30多个，分布在山东、吉林、江苏、河南、黑龙江、辽宁和新疆等省（区），其中，山东单县、江苏宿迁和河北威县三座发电站已投产发电，总装机容量8万千瓦。2008年前后几年间，国家电网公司、五大发电集团等大型国有、民营以及外资企业纷纷投资参与我国生物质发电产业的建设运营。可以看出，我国生物质发电产业的发展正在渐入佳境。

秸秆发电的好处很多，最明显的好处之一是原料来源广泛、经济，长期以来，农作物秸秆基本上是被作为废品处理。其次，生产过程环保。秸秆

秸秆粉碎压块作业

含硫量很低。国际能源机构的有关研究表明，秸秆的平均含硫量只有千分之3.8，而煤的平均含硫量约达百分之一。且低温燃烧产生的氮氧化物较少，所以除尘后的烟气不进行脱硫，烟气可直接通过烟囱排入大气。所以秸秆发电不仅具有较好的经济效益，还有良好的生态效益和社会效益。

秸秆气化供气

秸秆气化集中供气技术是我国农村能源建设推出的一项废物利用的新技术。它是以农村丰富的秸秆为原料，经过热解和还原反应后生成可燃性气体，通过管网送到农户家中，供炊事、采暖燃用。

首先解释一下秸秆燃气，秸秆燃气是利用生物质通过密闭缺氧，采用干馏热解法及热化学氧化法后产生的一种可燃气体，这种气体是一种混合燃气，含有一氧化碳、氢气、甲烷等，也称生物质气。

再说说秸秆燃气从何而来，植物生物质（包括木柴、野草、作物秸秆、牛羊畜粪等）中的碳元素质量分数约为40%，其次为氢、氮、氧、镁、硅、磷、钾、钙等元素。植物秸秆的有机成分以纤维素、半纤维素为主，质量分数为50%。这些生物质原料，在缺氧条件下加热，会发生复杂的热化学反应，反应结果之一便是产生大量的能量。这个过程实质是植物中的碳、氢、氧等元素的原子，在反应条件下按照化学键的成键原理，变成一氧化碳、甲烷、氢气等可燃性气体的分子。

■图与文

秸秆气化供气技术是我国农村能源建设推出的一项新技术。产生的燃气通过管网送到农户家中，供炊事、采暖燃用。如今，我国十分重视这项技术的开发利用和示范推广工作。

这样植物生物质中的大部分能量就转移到这些气体中。在实际应用中，上述生物质的气化过程的实现是通过气化反应装置（即制气炉）完成的。制气炉具有生物质原料造气、燃气净化、自动分离的功能。当燃料投入炉膛内燃烧产生大量一氧化碳和氢气时，燃气自动导入分离系统执行脱焦油、脱烟尘，脱水蒸气的净化程序，从而产生优质燃气，燃气通过管道输送到燃气灶、点燃使用。

秸秆气化好处之一就是原料来源非常广泛。任何生物质都可作为原料，比如：稻草、麦秸、棉秆、玉米秆、高粱秆、稻壳、果壳、谷糠、树枝、锯末、刨花、杂草及各种植物藤类、茎类、叶类等。

秸秆气化的另外一个好处是廉价实惠。秸秆气化炉灶无需配套设施，实施速度快，方便实惠，一般家庭特别是农村家庭都易于接受。燃气原料为每年可再生资源，随处可取，几乎零成本。还有，秸秆气化使用安全可靠，不存在像煤气、液化气等在储存、运输、使用条件下易爆、易泄漏等危险。

我国是世界上最大的农业生产国，每年产生作物秸秆大部分未得到有效利用。利用秸秆为原料生产沼气和实现集中供气，是解决秸秆资源化利用的有效途径。目前秸秆气化技术得到了各界的高度认可，其产业也得到了国家的大力支持，越来越多的农村家庭加入到了应用这项技术的行列中。

■ 图与文

玉米秸秆、小麦秸秆、棉花杆、稻草、稻壳、花生壳、玉米芯、树枝、树叶、锯末等农作物、固体废弃物为原料，经过粉碎后加压、增密成型，最终成为"秸秆煤炭"。秸秆煤炭体积小，比重大，耐燃烧，便于储存和运输，是优质高效的固体燃料。

秸秆作固体培养基

固体培养基是指在液体培养基中加入一定量凝固剂，使其成为固体状态。

固体培养基应用最普遍的原料就是植物秸秆、荚壳，树木的枝条、木屑、木片以及畜粪等。这些原料中有的要经过堆制发酵，有的要经过粉碎处理，有的要加工成一定的形状后再利用。在纤维材料中，加入一定数量的玉米粉、马铃薯淀粉或糖类，有利于菌丝迅速定植、恢复生长，糖的用量一般不超过 1% ~ 1.5%；木材纤维含氮量低，在 0.03% 以下，为了补充氮素营养，要加入 10% ~ 25% 的麦麸和米糠。作为培养菌种原料的米糠一定要新鲜，因为陈米糠含有过多游离脂肪酸，对菌丝生长不利。此外，还可以加入尿素、硫酸铵、硝酸铵的方法来补充氮素营养，加入量在 0.1% 左右。在固体培养基中，根据需要还可加入 1% ~ 3% 碳酸钙、1% ~ 3% 石膏粉、0.5% ~ 1.0% 过磷酸钙和 1% 骨粉。

根据固体培养基的性质和形状，分为粪草菌种、棉壳菌种、木屑菌种、枝条菌种、木块菌种、谷粒菌种等。

配制固体培养基，除了注意主要原料的切断、粉碎、预湿吸水、充分软化外，还要注意主要原料与辅料之间的充分混匀。拌料用水宜采用无污染的河水、井水等自然水，或自来水，如有必要，也可使用 1% 石灰水的澄清液、淘米水，或 10% 的马铃薯煮汁。培养基的含水量依原料种类和物理性状、食用菌的生物学特性、制种要求而有所区别，一般为 45%~65%，通常在 55%~62% 之间。判断固体培养基的含水量是否合适，经验性的方法是用手紧握培养料，以指缝中有水外渗而不往下滴为适宜；如果没有水渍为过干，有水珠连续淌下为过湿，可用加水、加料、晾晒等方法加以调整。

装瓶后，用捣木将培养料压实，并在料面上打接种孔，孔径 1.2 ~ 1.5 厘米，孔深直达瓶底。谷粒、木块或其他颗粒状培养基，装瓶后，在表面覆盖一层厚 1.5 ~ 2.0 厘米的木屑或棉壳培养料，既可防止水分蒸发，以有利于菌种定植。

利用稻麦秸秆粉碎发酵后培育平菇、木耳、香菇、草菇、金针菇、松茸等食用菌既能获得较高的经济效益，其培养基使用后还可用作优质的有机肥还田，是一举两得的大好事情。

可参照下列步骤进行：

（1）稻麦秸秆处理。将稻麦秸秆粉碎，喷水拌湿后，堆成直径 1 米—1.8 米的圆堆压紧实，盖上薄膜发酵 3 天—5 天。发酵后的稻麦草粉要保持其含水量为 70% 左右，pH 值在 8 左右。

（2）选地栽培。室内外均可，在室外需搭棚遮荫，以免阳光直射。接种前制作一个 70 厘米 ×20 厘米 ×35 厘米的木制模框，先在框内铺一层发酵好的稻麦草粉，踩实后，四周撒一圈食用菌菌种和麸皮，然后，再铺一层草粉，再撒菌种和麸皮。如此一共铺 4 层稻麦草粉，撒 3 层菌种和麸皮，最后一层草粉铺得薄一些，要保证透气。一般每块培养基用 5—7.5 千克稻麦草粉，0.25—0.38 千克食用菌菌种和麸皮，最后盖上一层塑料薄膜。

（3）发菌培养菌丝。生长期间要满足温度、湿度和透气的要求。温度要控制在 35℃ 左右，夏季气温上升快，加上稻麦草粉发热，易导致培养基升温超过 40℃，此时要揭膜降温。培养基含水量宜控制在 70%，一般不需要喷水，以免引起杂菌污染。

（4）采后处理。幼菇的子实体充分长大后即可采收。一般可采 3 茬—4 茬食用菌，此后的培养基可作为优质的有机肥施回农田。

用于基料准备的稻麦秸秆在堆积存放中，要注意防止雨淋霉变。发酵

稻麦秸秆被粉碎

好的稻麦草粉手握有弹性、无霉味，注意保持温度在 20℃—40℃。基料长出菌丝后要注意透气。菌丝长满后，要早、中、晚各通风一次。生长出菇期间的温度应保持在 25℃—28℃。可向菌砖四周喷洒水，保证空气相对湿度保持在 85%—95%，幼菇长出后，如菌砖湿度小，可喷洒水，防止温差太大；适当增加光照，以促进子实体健壮生长。

秸秆作"绿色建材"

　　绿色建材又称生态建材、环保建材和健康建材，指健康型、环保型、安全型的建筑材料。绿色建材注重建材对人体健康和环保所造成的影响及安全防火性能，具有消磁、消声、调光、调温、隔热、防火、抗静电的性能，并具有调节人体机能的特种新型功能。在国外，绿色建材早已在建筑、装饰施工中广泛应用，而在我国此行业还处于刚刚起步阶段。

　　目前已开发的绿色建材有纤维强化石膏板、陶瓷、玻璃、管材、复合地板、地毯、涂料、壁纸等。如"防霉壁纸"，经过化学处理，排除了发霉、起泡滋生霉菌的现象。"墙乳胶漆"不仅无味、无污染，还能散发香味，并且可以洗涤、复刷等。"环保地毯"既能防腐蚀、防虫蛀，又具有防止阴燃的作用。

■图与文

绿色建材无毒害、无污染、无放射性、有利于环境保护和人体健康，具有消磁、消声、调光、调温、隔热、防火、抗静电的性能。

　　绿色建材的原料主要来源于秸秆、尾渣等废弃物，以硅钙秸秆轻体墙板为例，硅钙秸秆轻体墙板是以农作物秸秆为主要原料，配以加强材料和黏合材料，在反应池里经过物理反应和化学反应，脱模

后自然凝固。整个工艺流程没有废水、废气、废渣排出，而且原材料充足广泛，容易采集，生产工艺先进，产品优势突出，省电、省水、节约能源。在我国将农作物秸秆变成绿色建材，是国家重点环保推广项目，也是秸秆综合利用变废为宝的项目。

秸秆绿色建材产品

硅钙秸秆轻体墙板具有防火、防潮、耐压、抗震、无毒无害、节约空间、隔音、安装运输方便、减轻劳动强度等优点，如今，这一新型建材已经替代木材、石膏、玻璃钢等其他建材，广泛应用于高低层建筑内墙设置。

垃圾堆肥

垃圾堆肥是处理与利用垃圾的一种方法，是利用垃圾或土壤中存在的细菌、酵母菌、真菌和放线菌等微生物，使垃圾中的有机物发生生物化学反应而降解（消化），形成一种类似腐蚀质土壤的物质，用作肥料并用来改良土壤。

资料表明，我国每年畜禽粪便产生量约为27亿吨，其中规模化养殖场粪便就达10亿多吨，而实际处理率不到20%；我国每年还产生秸秆6～8亿吨，

图与文

堆肥的原料是城乡大量产生的有机固体废弃物，包括农村养殖物粪便、作物秸秆、城市生活垃圾、某些工厂生产废渣等。

城市生活垃圾 1.5 亿吨，生活污泥 1000 万吨，另外每年还产生各类食品加工下脚料如糖厂滤泥、酒精废渣、药厂废渣等 1000 万吨以上。事实上，我国已成为全世界最大的有机废弃物产生国，有机固体废弃物的处理与资源化利用已成为城乡环境治理与生态产业发展的重要方向。

垃圾堆肥技术在我国民间有着十分悠久的历史，而作为科学进行研究探讨此法则始于1920年。按细菌分解的作用原理，垃圾堆肥分为高温需（好）氧法和低温厌氧法堆肥。按堆肥方法，垃圾堆肥分为露天堆肥法和机械堆肥。

垃圾堆肥法操作一般分为 4 步：①预处理，剔出大块的及无机杂品，将垃圾破碎筛分为匀质状，匀质垃圾的最佳含水率为 45—60%，碳氮比约为（20—30）：1，达不到需要时可掺进污泥或粪便；②细菌分解（或称发酵），在温度、水分和氧气适宜条件下，好氧或厌氧微生物迅速繁殖，垃圾开始分解，将各种有机质转化为无害的肥料；③腐熟，稳定肥质，待完全腐熟即可施用；④贮存或处置，将肥料贮存，肥料另作填埋处置。

近年来，随着我国经济的持续高速增长和城镇化建设的不断加快，人民的生活水平迅速提高，与此同时，城市生活垃圾产生量也与日俱增。这些城市垃圾不仅污染环境、破坏城市景观，而且还传播疾病，威胁人类的生命健康。

生活垃圾高温堆肥处理

城市生活垃圾高温堆肥处置方式由于具有技术可靠、工艺简单、管理方便、投资相对较省、运行费用低、适用范围广、对生活垃圾成分无严格要求、能完全消纳进场垃圾等一系列优点，在许多地区和国家都得到了广泛的运用。城市生活垃圾有机物料中含有丰富的氮、磷、

钾，经生物高温发酵技术处理，可将部分有机大分子降解为小分子养分被植物吸收，城市生活垃圾堆肥化利用是一种符合我国国情的化害为利、安全有效、经济实用的资源化利用途径。

畜禽粪便的综合利用

农村豢养畜禽比较多，对畜禽的粪便，古人多半是用作肥料施之于地，这是古已有之的肥田方法。但过去人们往往是将牲畜粪便直接倾倒在农田里，这样做既不经济，牲畜粪便中含量很高的氮对水源和空气又会造成严重的污染。

德国著名的弗劳恩霍费化学技术研究所发明了一种使畜禽粪便变成无味肥料的新方法。科研人员采用一种新型设备，将牲畜粪便中的固体部分过滤掉，使之成为混合肥料，其它的浓缩物则变为无味无色的粉末状长效肥料。这一设备还可根据需要改装成沼气反应堆，用来发电和供热。

在高新技术的帮助下，粪便的利用将有更多的途径，除制成肥料外，还可以用来生产新型燃油。泰国马哈那空科技大学成功研制出一部可将粪便和其它废料转化成燃油的反应炉，利用人类的粪便和其它废料生产"生物油"。这种新燃料的功效与汽油相近，可用作汽车燃料。

随着粪便处理利用技术研究的深入，鸡粪处理利用开始向综合化、工厂化发展。利用鸡粪发酵，不但能生产沼气，沼液和

■图与文

生物油是指通过快速加热的方式在隔绝氧气的条件下使组成生物质的高分子聚合物裂解成低分子有机物蒸汽，并采用骤冷的方法，将其凝结成液体。

沼渣也可以作重要的饲料和肥料资源，沼液中含有各类氨基酸、维生素、蛋白质、赤霉素、生长素、糖类、核酸以及抗生素等，可用于浸种、叶面喷肥、农田和果菜的施肥，促进农作物生长，提高农、林、果、菜的产量，还可作为饲料添加剂，用于喂畜禽和养鱼，可促进动物生长；沼渣富含有机质、腐殖酸、多种氨基酸、酶类、有益微生物和多种微量元素，质地疏松、保墒性能好、酸碱度适中，用于改良土壤，可做基肥和追肥，提高农作物的产量和品质，还可作为饲料添加剂用于畜禽饲养。鸡粪发酵可作为蘑菇的培养基料，种植蘑菇的废料还可以继续再利用种植其他菇类或者还田种菜、种粮。将多项粪便处理利用技术结合，在工厂化条件下，既能生产出优质的有机肥料和饲料，又能生产出甲烷等燃料，达到综合化的有效利用。

畜禽粪便含有大量未消化的蛋白质、B族维生素、矿物质元素、粗脂肪和一定数量的碳水化合物。如干鸡粪便含有丰富的氨基酸，总量达到8.27%，经过加工处理可成为较好的饲料资源。另外，畜禽粪便不仅含有较多的水分，而且还含有各种细菌。只有进行去臭、脱水才能达到提高利用价值且便于贮藏之目的。

通常，常用畜禽粪便可按照如下的加工方法进行处理：

（1）干燥

自然干燥。将新鲜的畜禽粪摊在水泥地面或塑料布上，随时翻动，让其自然干燥，之后粉碎加入其它饲料中饲喂。

高温干燥。畜禽粪中含水量较同，约为70%—75%。有条件的可通过高温快速干燥机进行加热，在短时间内使其含水量降到13%以下。此法快速，灭菌彻底，但养分损失大，成本也高。可酌情采用。

低温干燥。将畜禽粪运入有机械拌和气体蒸发的干燥车间，装入干燥机中，在70～500℃温度下烘干，使含水量降至13%以下，便于贮存和利用。

（2）青贮

青贮方法最为简便、有效、完善。只要有足够的水分（40%—60%）和可溶性碳水化合物，畜禽粪便即可与作物的残体、饲草、作物秸秆或其它粗饲料一起青贮。青贮时，畜禽粪便与饲草或其它饲料搭配比例最好为

1：1。可参考下列配方：牛粪30%，鸡粪25%—30%、米糠5%～15%，三叶草15%～20%，豆饼5%～10%，颖壳1.5%～2.0%。如果青贮可溶性碳水化合物不足，可添加9%～12%的玉米面或1%～3%的糖蜜。纤维成分的消化率可通过添加氢氧化钠、氢氧化钾、氢氧化铵等碱性物质来提高。

青贮法可提高适口性和吸收率，防止蛋白质损失，还可将部分非蛋白质转化成蛋白质，因此青贮畜禽粪便比干粪营养价值高。青贮又可有效地灭菌。

（3）发酵处理

畜禽粪便发酵方法，常用的有自然发酵、堆积发酵、塑料袋发酵和瓦缸发酵。

自然发酵。以鸡粪为例，将新鲜鸡粪和麸皮以3：2比例或与碎大麦各半混合，水分控制在50%左右，装入青贮窖内密封发酵，温度保持在5℃以上，20～40天后开窖喂用。牛粪发酵饲料的制作，是用不含垫草的牛粪75%和切碎的干草43%，混合均匀装入饲料池中密封发酵后饲喂。

堆积发酵。首先将新鲜鸡粪收集起来，然后倒入缸内，用水泡开、搅动，待沉淀后除去上层杂质和下部泥沙，取中层纯鸡粪，沥干水分。每10千克鸡粪加酵母片15～20克，糖钙片15～20片，土霉素5～6片，堆积发酵5～6小时，如用来喂猪可按猪日粮的20%添加。

塑料袋发酵。塑料袋发酵是将畜禽粪晒至七成干，每100千克禽粪便掺入10～20千克的麸皮或米糠，拌匀后装入无毒塑料袋中密封发酵，温度近制在60℃左右，夏季发酵1天，春秋发酵2天，发酵标准以能嗅到酒糟香为好。发酵的粪便可掺60%～75%的其它饲料喂猪，如需长期保存，可将发酵好的粪便晾干（水分＜70%），装

畜禽粪便发酵

袋保存。

瓦缸发酵。瓦缸发酵是将畜禽粪便去杂、晒干、搓碎，加入清水（湿度以手捏成团，指缝不滴水为宜），掺入洗净的青饲料，装入缸内压紧，表层撒上2厘米麸皮或谷糠，缸口用塑料薄膜封严，放置阴凉处（冬季置于室内），保持在20℃左右，经过10～15天发酵即成酸香适口的饲料。

（4）机械处理

机械处理方法主要用于牛粪或猪粪。先将收集的牛粪泵入振动筛，然后通过加压使固体和液体分离。固体部分粗纤维含量高，经堆积或青贮可作为粗饲料。液体部分粗蛋白质含量相当于豆饼，可做为家畜的蛋白质精饲料。

（5）热喷处理

先将畜禽粪便日晒，使水分含量降到30%，然后装入热喷机中，在压力为8千克，温度为212℃左右的蒸汽中蒸3～4分钟，在压力增加至12千克时，突然喷放，即成热喷畜禽粪便，似鱼粉样，具有消毒、灭菌、除臭、膨松、味香、适口性好等特点。

用处理好的畜禽粪便饲喂畜禽时，需要注意下列事项：

（1）鸡粪喂猪的适宜比例是：生长期占日粮总量的5%～10%，肥育期占10%～20%，对猪的增重无明显影响，而经济效果却较为理想。用鸡粪喂肉牛，当鸡粪占饲料干物质的40%以上时，应注意与能量饲料搭配使用。绵羊对铜较敏感，用鸡粪喂绵羊时，要测定其含铜量，勿让日粮中的铜水平超过耐受量，否则会导致中毒。

（2）鸡粪不宜喂幼猪，肥育猪出栏前半个月也不要喂鸡类，因鸡粪对胴体的脂肪品质有不良影响。

（3）用猪粪喂5月龄小牛，开始每天喂50克，到末期喂2千克。可用猪粪加糠接种多种菌株，制成发酵饲料直接喂猪，用量占日粮的20%～40%，可节省饲料成本20%。

（4）处理过的牛粪饲料最好先与其他饲料混合后密封发酵，这样适口性较好。发酵牛粪可在牛的日粮中添加50%。将牛粪与麦秸一起青贮喂绵

羊，或将牛粪烘干或用福尔马林处理后喂饲效果很好。牛粪喂鸡添加量为10%。牛粪中纤维含量较高，用牛粪喂猪、鸡时，不要添加其它高纤维低能量饲料。

有机废渣变沼气

生活在农村的人们经常看到，在沼泽地、污水沟或粪池里，有气泡冒出来，如果划着火柴，就可把这种气体点燃，这就是自然界天然发生的沼气。沼气是一种可燃气体，由于这种气体最早是在沼泽地、池塘中发现的，所以人们称它"沼气"。我们通常所说的沼气，并不是天然产生的，而是人工制取的。

尽管早在1857年，德国化学家凯库勒就已查明了沼气的化学成分，但这个"出身低微"的气体能源，始终没有引起人们的重视。随着对能源需求的不断增长，沼气才逐渐受到人们的注意，并开始崭露头角。

沼气的主要成分是甲烷（CH_4）气体。通常，沼气中含有 60% ~ 70% 的甲烷，30% ~ 35% 的二氧化碳，以及少量的氢气、氮气、硫化氢、一氧化碳、水蒸气和少量高级的碳氢化合物。后来又发现在沼气中还有少量剧毒的磷化氢气体，这可能是沼气会使人中毒的原因之一。

甲烷气体的发热值较高，因而沼气的发热值也较高，所以说沼气是一种优质的人工气体燃料。甲烷在常温下是一种无色、

图与文

沼气灯是由玻璃灯罩、弹片、纱罩、灯头、灯体、锁紧螺母、引射管、喷嘴接头和吊钩构成的。具有结构简单、卡装牢固、装卸方便、燃烧稳定、亮度高、光线稳定等特点。

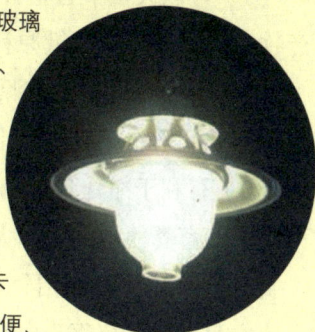

85

无味、无毒的气体，它比空气要轻。由于甲烷在水中的溶解度很低，因而可用水封的容器来储存它。甲烷在燃烧时产生淡蓝色的火焰，并放出大量的热。甲烷气体虽然无味，但由于沼气中常掺杂有硫化氢气体，所以沼气常常带有一种臭蒜味或臭鸡蛋味。

沼气是怎么产生出来的呢？沼气是一些有机物质，在一定的温度、湿度、酸度条件下，隔绝空气（如用沼气池），经微生物作用（发酵）而产生出来的。其反应大致分两个阶段：（1）微生物把复杂的有机物质中的糖类、脂肪、蛋白质降解成简单的物质，如低级脂肪酸、醇、醛、二氧化碳、氨、氢气和硫化氢等。（2）由甲烷菌种的作用，使一些简单的物质变成甲烷。甲烷菌是沼气发酵微生物的核心，它们严格厌氧，对氧和氧化剂非常敏感，最适宜的 pH 值范围为中性或微碱性。它们依靠二氧化碳和氢生长，并以废物的形式排出甲烷。

沼气的产生原料十分丰富，且来源广泛。人畜粪便、动植物遗体、工农业有机物废渣和废液等，在一定温度、湿度、酸度和缺氧的条件下，经厌氧性微生物的发酵作用，就能产生出沼气。

沼气具有不断再生、就地生产就地消费、干净卫生、使用方便的特点。它可以代替供应紧张的汽油、柴油，开动内燃机发电，驱动农机具加工农副产品，也可以用来煮饭照明。

具体来说，沼气有下列优点：

（1）可以大量节省秸秆、干草等有机物。节省下来的有机物可以用来生产牲畜饲料和作为造纸原料及手工业原材料。

（2）增加有机肥料资源，提高肥料质量和增加肥效，从而提高农作物产量，从长远来看，有改良土壤的作用。

（3）有利于净化环境和减少疾病的发生。这是因为在沼气池发酵处理过程中，人畜粪便中的病菌大量死亡，使环境卫生条件得到改善。

此外，大规模采用沼气可以间接减少对树木的乱砍乱伐现象，保护植被，使农业生产系统逐步向良性循环发展。

那么，沼气中为什么有能量存在呢？这是因为自然界的植物不断地吸

收太阳辐射的能
量，并利用叶绿
素将二氧化碳
和水经光合作用
合成有机物质，
从而把太阳能储
备起来。人和动
物在吃了植物之
后，约有一半左
右的能量又随粪
便排出体外。因

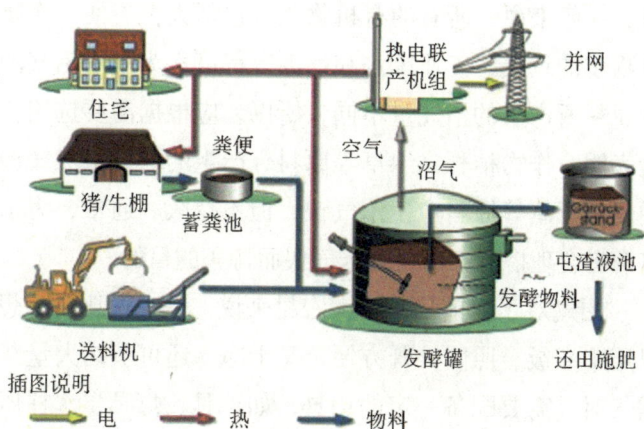

沼气发电供热工程示意图

此，人畜粪便或动植物遗体的生物能量经发酵后就可转换成可以燃烧的沼气。

　　沼气可以用人工制取。制取的方法是，将有机物质如人畜粪便、动植物"尸体"等投入到沼气发酵池中，经过多种微生物的作用即可得到沼气。人工制取沼气的关键，是创造一个适合于沼气细菌进行正常生命活动所需要的基本条件。因此，沼气的发酵必须在专门的沼气池进行。为了生产更多的沼气，就必须对发酵进行有效的控制。为此，在制取沼气的过程中，应注意以下两方面的问题：

盖好的沼气池

一是严格密闭沼气池。沼气发酵中起主要作用的微生物是厌氧菌，只要有微量的氧气或氧化剂存在，就会阻碍发酵作用的正常进行。因此，密闭沼气池，杜绝氧气进入，是保证人工制取沼气成功的先决条件。

　　二是选用合适的原

料。一般来说，所有的有机物质，包括人畜粪便、作物秸秆、青草、含有机物质的垃圾、工业废水和污泥等都可作为制取沼气的原料。然而，不同的原料所产生的沼气量不同，所以，应根据需要选用合适的原料。实践经验表明，作物秸秆、干草等原料，产生的沼气虽然缓慢，但较持久；人畜粪便、青草等原料产生沼气快，但不持久。通常，为了取得综合效果，常将两者合理搭配，以达到产气快而持久的目的。

沼气对于目前我国广大农村来说，是一种比较理想的家庭燃料。它可以用来煮饭、照明，既方便，又干净，还可节约大量柴草生产饲料。使用沼气时，需要配备一定的用具，如炉具、灯具、水柱压力计、开关等。它们的作用在于使沼气与空气以适当的比例混合，并使之得到充分的燃烧。沼气还可以用作农村机械的动力能源。在作为动力能源使用时，它既可直接用作煤气机的燃料，又可用作以汽油机或柴油机改装而成的沼气机的燃料，用这些动力机械可完成碾米、磨面、抽水、发电等工作。有的地区还用沼气作为汽车和拖拉机的动力来源，沼气虽然"出身低微"，但前景却是一片光明！

沼气燃烧发电是随着大型沼气池建设和沼气综合利用的不断发展而出现的一项沼气利用技术，它将厌氧发酵处理产生的沼气用于发动机上，并装有综合发电装置，以产生电能和热能。沼气发电具有创效、节能、安全和环保等特点，是一种分布广泛且价廉的能源。

第四章

工业废物的利用

工业废物，即工业固体废弃物，是指工矿企业在生产活动过程中排放出来的各种废渣、粉尘及其他废物等。工业固体废物，数量庞大，成分复杂，种类繁多。随着工业生产的发展，工业废物数量日益增加，如随意堆放，既污染了环境，也造成了浪费。但如果被科学回收利用，则变废为宝。目前，随着回收利用的研究水平的逐步加强，很多工业废物的利用已经实现了资源化，收到了良好的经济效益和生态效益。

垃圾发电

　　垃圾发电是把各种垃圾收集后，进行分类处理。其中：一是对燃烧值较高的进行高温焚烧，在高温焚烧中产生的热能转化为高温蒸汽，推动涡轮机转动，使发电机产生电能。二是对不能燃烧的有机物进行发酵、厌氧处理，最后干燥脱硫，产生甲烷气体。再经燃烧，把热能转化为蒸汽，推动涡轮机转动，带动发电机产生电能。

　　美国某垃圾发电站的发电能力高达 100 兆瓦，每天处理垃圾 60 万吨。德国的垃圾发电厂每年要花费巨资，从国外进口垃圾。科学家测算，垃圾中的二次能源如有机可燃物等，所含的热值高，焚烧 2 吨垃圾产生的热量大约相当于 1 吨煤，其"资源效益"极为可观。意大利曼内斯曼公司采用垃圾气化发电新技术，不仅在一年半内可收回成本，而且最终产生的垃圾灰烬只有原垃圾量的 15% ~ 20%。这种垃圾气化发电的新技术分两步进行：第一步是清除垃圾中的金属物体和所有含铁材料，然后把垃圾粉碎，并压制成冰砖那样大小的垃圾砖块；第二步是将这些垃圾块装入大型的气化炉，部分气体燃烧以产生烘干垃圾所需的热量，接着通入蒸汽，使气化炉中大部分物质被气化，有一些最后成为灰烬。在气化炉的底部有空气注入口，控制空气流量，既有助于气化过程，又能使已气化的气体不至于燃烧，而进入燃气轮机供发电用。

　　目前，垃圾发电可通过如下的方式进行：

■ 图与文

　　从 20 世纪 70 年代起，一些发达国家便着手运用焚烧垃圾产生的热量进行发电。欧美一些国家建起了垃圾发电站。

机械炉排焚烧 》》》

垃圾通过进料斗进入倾斜向下的炉排（炉排分为干燥区、燃烧区、燃尽区），由于炉排之间的交错运动，将垃圾向下方推动，使垃圾依次通过炉排上的各个区域（垃圾由一个区进入到另一区时，起到一个大翻身的作用），直至燃尽排出炉膛。燃烧空气从炉排下部进入并与垃圾混合；高温烟气通过锅炉的受热面产生热蒸汽，同时烟气也得到冷却，最后烟气经烟气处理装置处理后排出。

流化床焚烧 》》》

流化床焚烧炉炉体是由多孔分布板组成，在炉膛内加入大量的石英砂，将石英砂加热到600℃以上，并在炉底鼓入200℃以上的热风，使热砂沸腾起来，再投入垃圾。垃圾同热砂一起沸腾，垃圾很快被干燥、着火、燃烧。未燃尽的垃圾比重较轻，继续沸腾燃烧，燃尽的垃圾比重较大，落到炉底，经过水冷后，用分选设备将粗渣、细渣送到厂外，少量的中等炉渣和石英砂通过提升设备送回到炉中继续使用。

回转式焚烧 》》》

回转式焚烧炉是用冷却水管或耐火材料沿炉体排列，炉体水平放置并略为倾斜。通过炉身的不停运转，使炉体内的垃圾充分燃烧，同时向炉体倾斜的方向移动，直至燃尽并排出炉体。

脉冲抛式炉排焚烧 》》》

垃圾经自动给料单元送入焚烧炉的干燥床干燥，然后送入第一级炉排，在炉排上经高温挥发、裂解，炉排在脉冲空气动力装置的推动下抛动，将垃圾逐级抛入下一级炉排，此时高分子物质进行裂解、其它物质进行燃烧。如此下去，直至最后燃尽后进入灰渣坑，由自动除渣装置排出。助燃空气由炉排上的气孔喷入并与垃圾混合燃烧，同时使垃圾悬浮在空中。挥发和裂解出来的物质进入第二级燃烧室，进行进一步的裂解和燃烧，未燃尽的烟气进入第三级燃烧室进行完全燃烧；高温烟气通过锅炉受热面加热蒸汽，同时烟气经冷却后排出。

就目前来看，垃圾发电总体发展较慢，这主要是受一些技术或工艺问题的制约，比如发电时燃烧产生的剧毒废气长期得不到有效解决。日本去年推广一种超级垃圾发电技术，采用新型气熔炉，将炉温升到500℃，发电效率也由过去的一般10%提高为25%左右，有毒废气排放量降为0.5%以内，低于国际规定标准。另外，现在垃圾发电的成本要比传统的火力发电高。但是，随着垃圾回收、处理、运输、综合利用等各环节技术不断发展，不久的将来，垃圾发电很有可能会成为最经济的发电技术之一。从长远效益和综合指标看，将优于传统的电力生产。我国城市垃圾焚烧发电最早投入运行开始于1987年。之后，一大批环保产业化和环保高技术产业化项目相继启动，垃圾焚烧发电技术得到了得到了快速发展，实现了大型垃圾焚烧发电技术的本土化，垃圾焚烧处理能力得到了迅速提高。

酒糟的利用

酒糟也叫红糟、酒醅糟等，是米、麦、高粱等酿酒后剩余的残渣。酒糟因制酒原料及方法的不同，所含成分也不一样，其仅分离酒液的酒糟中尚含相当量的乙醇，若经蒸馏烧酒后，则乙醇的含量极少。

农村，酒糟通常用作家畜饲料。实际上，酒糟还可以食用和用作药材。用作药材主要治于伤折瘀滞疼痛、冻疮、风寒湿痹。

下面介绍一下糯米酒糟的做法：

（1）取糯米若干，浸泡 5 小时。

（2）把水滗去，把浸泡后的糯米倒入容器中。

（3）把盛米的容器盖好，放到大些的锅中，锅底部放适量的水。

■图与文

实际上，酒糟还可以吃，夏季吃后还可清热解暑，早晨加个鸡蛋在里面，还可以当早餐，口感也相当不错。

（4）锅置火上，旋开开关，蒸米 2~3 个小时，直致米变成软熟的饭粒。

（5）把蒸好的饭粒翻松，倒进干净的较大的容器中。容器内加入少量的干净水。

（6）加入适量酒饼（发酵剂），不同酒饼可酿出不同的酒，有的甜，有的辣。

（7）把装酒的容器盖好，冬天等 6—8 天，夏天等 3—4 天，香醇的米酒就出来了。这时的酒是生的，要加热。可以把酒糟用漏斗状的竹编滤器滤出酒，再把酒放到密封的坛子，把坛子放到闷烧的谷糠里加热。

粉煤灰的利用

粉煤灰是从煤燃烧后的烟气中收集下来的细灰，是燃煤电厂排出的主要固体废物，也是我国当前排量较大的工业废渣之一。

粉煤灰的形成过程是这样的：煤粉在炉膛中呈悬浮状态燃烧，燃煤中的绝大部分可燃物都能在炉内烧尽，而煤粉中的不燃物（主要为灰分）大量混杂在高温烟气中。这些不燃物因受到高温作用而部分熔融，同时由于其表面张力的作用，形成大量细小的球形颗粒。在锅炉尾部引风机的抽气

93

遗弃的粉煤灰

作用下，含有大量灰分的烟气流向炉尾。随着烟气温度的降低，一部分熔融的细粒因受到一定程度的急冷呈玻璃体状态，从而具有较高的潜在活性。在引风机将烟气排入大气之前，上述这些细小的球形颗粒，经过除尘器，被分离、收集，即为粉煤灰。

粉煤灰的化学组成与黏土质相似，主要成分为二氧化硅、三氧化二铝、三氧化二铁、氧化钙和未燃尽碳。

随着电力工业的发展，燃煤电厂的粉煤灰排放量逐年增加。大量的粉煤灰不加处理，就会产生扬尘，污染大气；若排入水系会造成河流淤塞，而其中的有毒化学物质还会对人体和生物造成危害。

日本一家企业利用火力发电厂排出的煤灰，制成新的材料。其原料质量配比为：煤灰40%，水泥与发泡材料60%。制成品中0.1 ~ 1毫米直径的小气泡占整个材料体积的85%以上，并互相连通，可利用其通气性吸收噪音。

我国是个产煤、用煤的大国，以煤炭为电力生产基本燃料。近年来，我国电力工业发展迅速，带来了粉煤灰排放量的急剧增加，燃煤热电厂每年所排放的粉煤灰总量也逐年增加，这给我国的国民经济建设及生态环境造成巨大的压力。另一方面，我国又是一个人均占有资源储量有限的国家，粉煤灰的综合利用，变废为宝、变害为利，已成为我国经济建设中一项重要的技术经济政策，是解决我国电力生产环境污染，资源缺乏之间矛盾的重要手段，也是电力生产所面临解决的任务之一。

在国际上，20世纪70年代，世界性能源危机，环境污染以及矿物资源的枯竭等强烈地激发了粉煤灰利用的研究和开发，国际上多次召开世界性粉煤灰会议，研究工作日趋深入，应用方面也有了长足的进步。随着技术的成熟，粉煤灰渐渐成为国际市场上

大量的粉煤灰不加处理，就会产生扬尘，污染大气；若排入水系会造成河流淤塞，而其中的有毒化学物质还会对人体和生物造成危害。

引人注目的资源丰富、价格低廉的新兴建材原料和化工产品的原料，受到人们的青睐。目前，对粉煤灰的研究工作大都由理论研究转向应用研究，特别是着重要资源化研究和开发利用。利用粉煤灰生产的产品在不断增加，技术在不断更新。

综合来看，粉煤灰主要有下列应用：

（1）粉煤灰在水泥工业和混凝土工程中的应用：粉煤灰代替黏土原料生产水泥，由硅酸盐水泥熟料和粉煤灰加入适量石膏磨细制成的水硬胶凝材料，水泥工业采用粉煤灰配料可利用其中的未燃尽炭；粉煤灰作水泥混合材；粉煤灰生产低温合成水泥，生产原理是将配合料先蒸汽养护生成水化物，然后经脱水和低温固相反应形成水泥矿物；粉煤灰制作无熟料水泥，包括石灰粉煤灰水泥和纯粉煤灰水泥，石灰粉煤灰水泥是将干燥的粉煤灰掺入 10%—30% 的生石灰或消石灰和少量石膏混合粉磨，或分别磨细后再混合均匀制成的水硬性胶凝材料；粉煤灰作砂浆或混凝土的掺和料，在混凝土中掺加粉煤灰代替部分水泥或细骨料，不仅能降低成本，而且能提高混凝土的和易性、提高不透水、气性、抗硫酸盐性能和耐化学侵蚀性能、降低水化热、改善混凝土的耐高温性能、减轻颗粒分离和析水现象、减少混凝土的收缩和开裂以及抑制杂散电流对混凝土中钢筋的腐蚀。

（2）粉煤灰在建筑制品中的应用：蒸制粉煤灰砖，以电厂粉煤灰和生石灰或其他碱性激发剂为主要原料，也可掺入适量的石膏，并加入一定量

粉煤灰制成的灰砖

的煤渣或水淬矿渣等骨料，经过加工、搅拌、消化、轮碾、压制成型、常压或高压蒸汽养护后而形成的一种墙体材料；烧结粉煤灰砖，以粉煤灰、黏土及其他工业废料为原料，经原料加工、搅拌、成型、干燥、培烧制成砖；蒸压生产泡沫粉煤灰保温砖，以粉煤灰为主要原料，加入一定量的石灰和泡沫剂，经过配料、搅拌、烧注成型和蒸压而成的一种新型保温砖；粉煤灰硅酸盐砌块，以粉煤灰、石灰、石膏为胶凝材料，煤渣、高炉矿渣等为骨料，加水搅拌、振动成型、蒸汽养护而成的墙体材料；粉煤灰加气混凝土，以粉煤灰为原料，适量加入生石灰、水泥、石膏及铝粉，加水搅拌呈浆，注入模具蒸养而成的一种多孔轻质建筑材料；粉煤灰陶粒，以粉煤灰为主要原料，掺入少量粘结剂和固体燃料，经混合、成球、高温焙烧而制的一种人造轻质骨料；粉煤灰轻质耐热保温砖，是用粉煤灰、烧石、软质土及木屑进行配料而成，具有保温效率高，耐火度高，热导率小，能减轻炉墙厚度、缩短烧成时间、降低燃料消耗、提高热效率、降低成本。

（3）粉煤灰在农业

粉煤灰空心砖

方面的应用：粉煤灰具有良好的物理化学性质，能广泛应用于改造重黏土、生土、酸性土和盐碱土；粉煤灰中含有大量硅钙镁磷等农作物所必需的营养元素，故可作农业肥料用。

（4）在环保领域的应用。利用粉煤灰可制造分子筛、絮凝剂和吸附材料等环保材料；粉煤灰还可用于处理含氟废水、电镀废水与含重金属离子废水和含油废水，粉煤灰中含有的氧化铝、氧化钙等活性成分，能与氟生产配合物或生产对氟有絮凝作用的胶体离子，还含有沸石、莫来石、炭粒和硅胶等，具有无机离子交换特性和吸附脱色作用。

工业废水的利用

废水是指居民活动过程中排出的水及径流雨水的总称。它包括生活污水、工业废水和初雨径流入排水管渠等其它无用水，一般指没有利用或没利用价值的水。

工业废水包括生产废水和生产污水，是指工业生产过程中产生的废水和废液，其中含有随水流失的工业生产用料、中间产物、副产品以及生产过程中产生的污染物。按工业废水中所含主要污染物的化学性质分，工业废水主要分为：含无机污染物为主的无机废水、含有机污染物为主的有机废水、兼含有机物和无机物的混合废水、重金属废水、含放射性物质的废水和仅受热污染的冷却水。例如电镀废水和矿物加工过程的废水是无机废水，食品或石油加工过程的废水是有机废水，印染行业生产过程中的是混合废水，不同的行业排除的废水含有的成分不一样。按工业企业的产品和加工对象可分为造纸废水、纺织废水、制革废水、农药废水、冶金废水、炼油废水等。

工业废水对环境和人体健康有着很大的伤害，常见有：

（1）工业废水直接流入江河湖泊，如果毒性较大，则会导致水生动植

■图与文

炼油废水主要来自于原油的直接蒸馏、重质油的裂化与蒸馏以及某些馏分的精制等过程中产生的生产废水。

一般是根据废水水质进行分类分流的，包括乳化油废水、冷却水、锅炉排水、含硫废水、含碱废水、含酸废水等。

物的死亡甚至绝迹。有的工业废水渗透到地下，污染了地下水。如果人饮用了被污染的水，则会对人体健康造成损害。

（2）工业废水渗入土壤，造成土壤污染，影响了植物和土壤中微生物的生长。

（3）有些工业废水带有难闻的恶臭，污染了大气。

（4）工业废水中的有毒有害物质被动植物摄食和吸收作用残留在体内，而后通过食物链到达人体内，对人体造成危害。

某些工业废水毒害大，无论是排放或者循环再利用都要先行无害化处理。

由于工业废水各自的情况有别，就处理和再利用来说，采用的手段和方法不尽相同。目前，在工业废水处理再利用方面，低水平回用较多，亦即经废水处理后，出水回用为工业杂用水，如，冲洗地面、绿化、水力冲渣等。或者进一步深度处理后回用作对用水水质要求不是很严格的工艺生产前工序，如造纸生产的打浆、洗浆，印染工艺的深色织物前漂洗等。在有条件的情况下，工业废水处理后再利用为工业生产用水，尽量减少废水排放，甚至实现"零"排放。

下面简单说一说一些工业废水的处理利用。

造纸废水主要来自造纸工业生产中的制浆和抄纸两个生产过程。制浆是把植物原料中的纤维分离出来，制成浆料，再经漂白；抄纸是把浆料稀释、成型、压榨、烘干，制成纸张。这两项工艺都排出大量废水。制浆产生的废水，污染最为严重。洗浆时排出废水呈黑褐色，称为黑水，黑水中污染物浓度很高，含有大量纤维、无机盐和色素。漂白工序排出的废水也含有大量的酸碱物质。抄纸机排出的废水，称为白水，其中含有大量纤维和在生产过程中添加的填料和胶料。

造纸工业废水的利用应着眼于废水的回收再利用，利用浮选法可回收白水中纤维性固体物质，回收率可达 95%，另澄清水可回用；燃烧法可回收黑水中氢氧化钠、硫化钠、硫酸钠以及同有机物结合的其他钠盐。中和法调节废水 pH 值；混凝沉淀或浮选法可去除废水中悬浮固体；化学沉淀法可脱色，此外，也可采用反渗透、超过滤、电渗析等处理方法。

印染工业废水

印染工业用水量大，通常每印染加工1吨的纺织品耗水要100—200吨。其中80%—90%以印染废水排出。对于印染废水的回收利用通常采取下列办法：（1）废水可按水质特点分别回收利用，如漂白煮炼废水和染色印花废水的分流，前者可以对流洗涤，一水多用，减少排放量；（2）碱液回收利用，通常采用蒸发法回收，如碱液量大，用三效蒸发回收，碱液量小，可用薄膜蒸发回收；（3）染料回收。如士林染料可酸化成为隐巴酸，呈胶体微粒，悬浮于残液中，经沉淀过滤后回收利用。

化学工业废水主要来自石油化学工业、煤炭化学工业、酸碱工业、化肥工业、塑料工业、制药工业、染料工业、橡胶工业等排出的生产废水。化学工业废水通常采取三级处理方法：一级处理主要分离水中的悬浮固体物、胶体物、浮油或重油等。可采用水质水量调节、自然沉淀、上浮和隔油等方法。二级处理主要是去除可用生物降解的有机溶解物和部分胶体物，减少废水中的生化需氧量和部分化学需氧量，通常采用生物法处理。三级处理主要是去除废水中难以生物降解的有机污染物和溶解性无机污染物。常用的方法有活性炭吸附法和臭氧氧化法，也可采用离子交换和膜分离技术等。

酸性废水主要来自钢铁厂、化工厂、染料厂、电镀厂和矿山等，其中含有各种有害物质或重金属盐类。酸的质量分数差别很大，低的小于1%，高的大于10%。碱性废水主要来自印染厂、皮革厂、造纸厂、炼油厂等。其中有的含有机碱或含无机碱。碱的质量分数有的高于5%，有的低于1%。酸碱废水中，除含有酸碱外，常含有酸式盐、碱式盐以及其他无机物和有机物。

酸碱废水具有较强的腐蚀性，需经适当治理方可再利用。

治理利用酸碱废水通常采取的办法是：（1）对于高浓度酸碱废水，应根据水质、水量和不同工艺要求，进行相应的处理，重复使用。如重复使用有困难，或浓度偏低，水量较大，可采用浓缩的方法回收酸碱。（2）对于低浓度的酸碱废水，应进行中和处理。

对于中和处理，应首先考虑以废治废的原则。如酸、碱废水相互中和或利用废碱（渣）中和酸性废水，利用废酸中和碱性废水。在没有这些条件时，可采用中和剂处理。

冶金废水的主要特点是水量大、种类多、水质复杂多变。按废水来源和特点分类，主要有冷却水、酸洗废水、洗涤废水

工业废水处理利用设备

（除尘、煤气或烟气）、冲渣废水、炼焦废水以及由生产中凝结、分离或溢出的废水等。

利用冶金废水通常有两个途径：（1）从废水中回收有用物质和热能；（2）根据不同水质要求，综合平衡，串流使用，不断提高水的循环利用率。

废润滑油的再生和利用

所谓废润滑油，一是指润滑油在使用中混入了水分、灰尘、其他杂油和机件磨损产生的金属粉末等杂质；二是指机油逐渐变质，生成了有机酸、胶质和沥青状物质。废机油的再生，就是用沉降、蒸馏、酸洗、碱洗、过滤等方法除去机油里的杂质。

全世界每年消费大量的润滑油，又产生大量的废润滑油。我们知道，石油资源并非用之不竭，对废润滑油进行再生利用，不仅保护了环境，而且节约了资源。其主要处理方法如下：

第一种是物理方法。

（1）澄清法。此法也叫沉淀法，是将废润滑油放于桶内静置、沉淀，如需提高沉淀速度，可将油温提高至 70 ~ 80℃。

（2）过滤法：将废润滑油通过滤网滤去杂质，根据废润滑油含杂质情况选择滤网，有铜滤网、滤纸、棉花、毡等。过滤时，可提高油柱增加压力，提高油温至 80 ~ 90℃，以加快过滤速度。

（3）蒸馏法：将废润滑油放在桶中，使蒸气直接通入油中，经过一定时间（约 2 小时）后，杂质及溶于水中的酸及氧化物等，即浮于油面或沉于桶底。撇去浮沫，澄清即可。

第二种是化学方法。

有些废润滑油在使用过程中产生了有机酸或碳氢化合物的聚合物，这种废润滑油必须用化学方法才能除去。

（1）酸洗法：把沉降、蒸馏后的润滑油放入一只大烧杯里，加热到 35℃，在搅拌下慢慢加入占润滑油体积约 6 ~ 8% 的浓硫酸（在 30 分钟内加完）。这时，浓硫酸跟废机油中的胶质、沥青状杂质等发生磺化反应。为了除去这些磺化后的杂质，再加入占润滑油体积 1%—10% 烧碱溶液，起凝聚剂的作用，加速杂质的分层。加碱后搅拌 5 分钟，静置一段时间，就出现明显分层，上层油呈黄绿色，没有黑色颗粒等杂质。

（2）碱洗法。这种方法是为了除去废润滑油中的有机酸和中和酸洗时残留下的硫酸。把酸洗过的机油加入另一只烧杯中，加热到 90℃，在搅拌下慢慢加入占润滑油质量 5% 的碳酸钠粉末，20 分钟后检验机油的酸碱性。取两支试管，各加入 1 毫升蒸馏水，其中一支加 2 滴酚酞试剂，另一支加 2 滴甲基橙试剂。然后在两支试管中分别加油样 1 毫升，振荡 3 分钟，如果两支试管中的水溶液层颜色不变，说明油是中性的，这时润滑油应该变得清亮。

第三种是物理化学疗法。

有些废机油除被灰尘或水分污染外，还溶解了某些酸性有机物，必须用物理化学方法综合处理。

（1）凝结法：废润滑油中有些被氧化的呈胶质状态存在的有机物或酯

类，长时间不能澄清，必须加入适量电解质，如水玻璃、磷酸钠、氯化锌、氯化铝等，使分散的微粒凝结起来，然后再用物理方法除去。

（2）吸附法：利用某些矿物的吸附能力，将悬于油中的沥青、酯、酸、醚等吸附在它的表面，再用过滤法除去。吸附剂有高岭土、活性白土、砂粒及其他矿物碎块等。

如果知道废机油中的各种杂质成分，可根据实际情况调节上述操作步骤。例如，润滑油内只含有金属屑等固体杂质，用沉降法分离即可。如果润滑油内仅仅混入汽油、柴油等物质，只要通过蒸馏，就能得到再生的润滑油。如果仅仅是润滑油被氧化而变质，只要用酸洗、碱洗法除去有机酸等杂质即可。

电子垃圾"点石成金"

随着高科技电子产品在各个领域日益普及，特别是手机、电脑和电视机等电子产品更新换代加速，人们在充分享受高科技带来的方便舒适的工作和生活方式的同时，也随之产生了大量电子垃圾。

废弃的电子产品对环境和人体有一定的伤害。据了解，一粒纽扣大的电池泄漏后将污染60万升水。废弃电视机和电脑对环境的污染主要来自阴极射线管、印刷线路板和塑料制件。阴极射线管和印刷线路板中含有铅、铬、镉、

图与文

电子废弃物俗称"电子垃圾"，是指被废弃不再使用的电气或电子设备，主要包括电冰箱、空调、洗衣机、电视机等家用电器和计算机等通讯电子产品等的淘汰品。

汞等重金属，这些重金属对环境和人类的健康均可产生不利影响。此外，电视机和电脑等电子产品中还有砷、溴化阻燃剂、聚氯乙烯和其他有害物质。但电子垃圾中也蕴藏着大量的可回收利用的资源。据报道，在电子垃圾中，每吨废弃的电子设备含金量是金矿的 17 倍，含铜量是铜矿的 40 倍。全球每年约产生 2000 万至 5000 万吨的电子垃圾，如果回收利用好将是一座含量丰富的"金属矿山"。

芬兰非常重视电子垃圾回收利用。目前，芬兰每年回收利用的电子垃圾达到 5 万吨。其中，50% 以上是由芬兰最大的电子垃圾回收公司——库萨科斯基公司进行分类加工处理的。库萨科斯基公司成立于 1914 年，有近百年的历史。该公司在芬兰全国各地设有 20 个回收站，负责回收各种电子垃圾和金属垃圾。与此同时，公司同大量使用电子设备的客户签订回收协议，定期到这些公司、机构及政府有关部门回收电子垃圾。

库萨科斯基公司已形成了一套完善的回收处理系统：先进行人工拆卸、分类的预先处理，然后送到相应的加工厂进行粉碎、铸造再处理，使电子垃圾变成各种工业生产原料，供应本国和外国的工业企业使用。如，在混合电子垃圾分拣车间，各种电子垃圾源源不断地通过传送带送到分拣线上。经过分拣，各种电子垃圾被送入不同的分类箱中。由于电子垃圾中的成分比较复杂，既含有各种普通的金属材料和塑料，又有特殊元器件和贵重金属。因此，电子垃圾的预先处理工序比较繁琐细致。在预处理车间，手机电池、打印机墨盒等有害垃圾单独存放，被定期送到专门的有害垃圾处理厂进行安全处理。电视机显像管和液晶显示屏也被放进专门的回收箱，将被送到专业部门进行回收利用，从中回收可作为工业原料的铅和玻璃。

在铝材加工厂，从电子垃圾中回收的废旧铝材和从其他渠道回收的易拉罐等废铝材被送到冶炼炉中进行回炉。在车间里的生产线上，筛选过的废旧铝材经过熔炉冶炼、清除废渣后，灼热的铝液被浇灌到模具中，加工铸造成各种型号的铝锭。

新加坡对垃圾回收和处理工作有详细而严格的规定，对于从事垃圾收集和回收的个人和机构实行许可证制度。由于电子垃圾的特殊性，新加坡

推行电子垃圾专业化处理，以提高垃圾回收利用效率，最大限度降低毒害。

在新加坡，一般来说，电子垃圾的"归宿"不外乎三种：第一种是通过各种回收措施或生产商的以旧换新，最终实现循环再利用；第二种是通过其他渠道流向

电子废弃物分类回收

废料回收设施，如贵金属的回收设施；第三种则是与家庭垃圾混在一起，送往垃圾焚烧厂。新加坡的垃圾焚烧技术较为成熟，焚烧之后的垃圾一般采取填埋处理办法。

众所周知，日本是一个能源和资源都非常贫乏的国家。多年来，日本注重通过法律来引导国内节约资源，不遗余力地推进家电和数码产品回收利用，积极发掘"废旧电子矿山"，实现了资源和能源最大限度的循环利用。

在日本，含有金、银以及其他稀有元素的旧家电和旧手机被称为"城市矿山"。日本的"城市矿山"已经成为名副其实的资源宝藏。

图与文

从金属资源回收循环利用的角度出发，把城市电子废弃物比喻成为一座座储有优良矿产资源的矿山加以开发也算是给寻求矿物资源指出了一条新路。

日本物质和材料研究机构公布的一份报告显示，以包含在零件和产品内而积存在日本国内的各种金属计算，日本"城市矿山"蕴藏的黄金约有6800吨，白银约6万吨，稀有金属铟有1700吨，钽有4400吨，

相，当于全球黄金储量的 16%，白银储量的 22%，铟储量的 61%，钽储量的 10%。有资料显示，从一部旧手机中可以提取约 0.03 克黄金，从每吨旧手机中可以提取 250 克黄金；如果直接从金矿中提取黄金，每吨矿石通常只能得到 5 克黄金。此外，手机发光二极管中使用的镓、电容器中的钽和钛、电池中的锂，液晶屏使用的铟，麦克风使用的钕和钐等，都是极其重要的稀有元素。2010 年度，日本在预算中专门拨出 5 亿日元用于支持废旧手机回收工作，全年回收手机 600 余万部。

2001 年日本正式实施《家电再利用法》。法律规定，家电厂家需要进行产品的回收利用，减少废弃物，有效利用资源。法律还规定，消费者必须将废旧空调、冰箱、电视机和洗衣机等家电交由销售商送返生产厂家进行回收利用，回收所需费用由消费者承担。如果消费者不按规定将旧家电交回销售商处，而私自进行掩埋等处理，一经发现将被处以巨额罚款。在具体实践中，消费者可以要求家电卖场进行回收。卖场根据不同厂家和家电种类，将旧家电搬运到各指定集中场所，再转运至不同厂家的回收工厂，也可以通过邮局购买回收券，然后搬到指定地点。在回收工厂连一根电缆都要仔细分类，只要能够重新利用，都需经过再加工后循环使用。

在日本的大街上，经常可以看到一些小贩开小卡车回收废弃家电，回收的电器或者出口，或者修理后重新销售，或者分解后销售给金属收购方。但是，这一行为也需要得到地方政府颁布的收集搬运执照，如果是私自收购，则属于违法。

对于个人电脑等数码产品，日本法律规定，废弃电脑应由厂家回收，使零件和材料更加有效地

利用电子废弃物制作的摩托车展品

实现再资源化。对于没有回收厂家的电脑（如自行组装电脑、生产厂家破产或转产等），则由一般社团法人"电脑3R推进协会"负责有偿回收和再资源化。此外，市民只要向该协会下属的49家公司提出申请，厂家就会邮寄"环保邮包单"，市民与邮局取得联系后，邮局会上门提取。在2003年9月之后生产的电脑，厂家都会通过邮局予以免费回收，无需提交处理费用。

从淀粉废水到蛋白饲料

　　玉米制淀粉过程中要排出大量的淀粉废水，每消耗1吨玉米排出淀粉废水约5吨，这些废水悬浮物和有机物浓度高，主要含有蛋白质、脂肪、纤维素等，对此有机废水进行预处理提取蛋白，能够获得营养丰富的蛋白饲料，而且减轻后续生物处理的负荷。

　　采用沉淀法从淀粉废水中提取蛋白，沉淀性能差，特别是夏天，由于有机物腐败更不容易沉淀而且产品质量差。采用气浮法从淀粉废水中提取蛋白能够获得较好的效果，气浮法与沉淀法相比具有以下优点：可以实现连续化生产而且容易实现自动控制，得到的蛋白絮体含水量较小对后续的脱水与烘干有利，操作简单，运行稳定。

　　气浮法提取蛋白质的原理如下：

　　淀粉废水中的蛋白具有自动凝聚的趋势，这种凝聚方式形成的絮粒很小，同时由于絮粒表面带有相同电荷及水化层的影响，絮粒很不稳定。加入无机高

图与文

玉米蛋白饲料营养成分丰富，富含各种氨基酸，是饲养鸡、鸭、鹅、猪、鱼和各类大性畜的理想饲料。

分子凝聚剂中和絮粒上的电荷，使絮粒易于靠近凝聚成较大的絮粒，加入有机高分子絮凝剂，可使絮粒之间通过吸附架桥作用形成较稳定的大絮团；无机凝聚剂主要是依靠中和粒子的电荷凝聚成絮粒，有机絮凝剂则主要依靠吸附架桥作用使絮粒凝聚成絮团，先加无机凝聚剂中和电荷，然后再加有机絮凝剂生成絮团，两者联合使用絮凝效果好而且可大大降低絮凝剂的用量。在加入无机高分子凝聚剂及有机高分子絮凝剂的同时，溶入适量的空气，使絮团附着大量的微气泡，絮团的比重小于水，可实现气浮分离。

稠油废水用于热采锅炉

　　重质沥青质原油俗称稠油，需热力开采，即热采锅炉将水加热至温度为315℃、压力为17MPa、干度为80%左右的饱和蒸汽，注入油层提高油层温度，降低稠油粘度，通过采油设备把稠油提升到地面。从采油井口采出的油和水混合物称之为原油采出液。用各种方法对采出液进行油水分离，分离出的水称之为稠油废水。

　　稠油废水外排一方面污染了环境，另一方面稠油热采大量使用清水，生产和生活用水量与日俱增，供水严重不足。因此，对稠油废水进行处理利用是非常必要的。

　　要利用，就先要了解，稠油废水水质较复杂，是含有多种杂质且水质波动较大的工业废水。稠油废水与其他工业废水相比，具有如下特点：

稠　油

（1）稠油平均密度为 900kg/m³ 以上，其原油颗粒可长期悬浮在水中。

（2）黏滞性大，特别在水温低时更显著。

（3）温度较高，在开发稠油过程中为降低原油黏度往往将温度提高到 70 ~ 80℃。

（4）乳化较严重，废水易形成水包油型乳状液。

根据稠油废水的水质，稠油废水处理一般具有以下特点：

（1）为达到油、水和泥的分离，破乳是先决条件。首先应保证稠油废水的处理温度，选择合适的破乳剂，并选择最佳投药量、加药点、混合、反应和沉降方式。

（2）保证足够的油、水和泥分离时间。因稠油密度大，油水密度差小，其重力分离虽在充分破乳条件下进行，为使油珠有效上浮，加长油、水和泥分离时间还是必要的，一般需 2 ~ 3 小时。

（3）使用混凝剂时，pH 值对混凝效果影响较大。

根据稠油废水所含污染物种类和数量以及热采锅炉用水水质指标，目前主要将稠油废水用于热采锅炉供水。但事先必须要处理废水中的油、悬浮物和硬度。处理流程主要分三部分，即除油部分、除悬浮物部分和软化部分，软化后废水进热采锅炉。其中，稠油废水中的油和悬浮物去除工艺较成熟，工程一次投资和处理成本较低；而稠油废水的软化工艺较复杂，工程一次投资和处理成本较高，因此成为了左右整个回收利用处理工艺的关键因素。目前这一工艺也逐渐成熟，因此，将稠油废水用于热采锅炉用水成为了现实。

美国、加拿大利用稠油废水处理后回用热采锅炉的技术已有几十年的历史，从工艺流程（包括废液和废泥处理工艺）、设备、自动控制都有完整配套技术，有成熟的运行经验，生产实践证明了它的可靠性、实用性和经济效益。我国从事这项技术的试验研究和工程实践较晚，与国外比还有一定差距。

总之，稠油废水处理回用于供热采锅炉用水，是目前解决大量稠油废水排放污染的经济、可行的出路，应该在相关领域推行。

金属渣的再生利用

钢渣的再生利用 >>>

钢渣是一种工业固体废物，是指炼钢排出的渣，依炉型分为转炉渣、平炉渣、电炉渣。排出量约为粗钢产量的 15 ~ 20%。钢渣是主要由硅酸三钙、硅酸二钙、钙镁橄榄石、钙镁蔷薇辉石、铁铝酸钙以及硅、镁、铁、锰、磷的氧化物形成的固熔体，还含有少量游离氧化钙以及金属铁、氟磷灰石等。有的地区因矿石含钛和钒，钢渣中也稍含有这些成分。钢渣中各种成分的含量因炼钢炉型、钢种以及每炉钢冶炼阶段的不同，有较大的差异。

钢渣在温度 1500 ~ 1700℃下形成，高温下呈液态，缓慢冷却后呈块状，一般为深灰、深褐色。有时因所含游离钙、镁氧化物与水或湿气反应转化为氢氧化物，致使渣块体积膨胀而碎裂；有时因所含大量硅酸二钙在冷却过程中碎裂。如以适量水处理液体钢渣，能淬冷成粒。

在钢渣利用方面，早在 20 世纪初期即开始研究钢渣的利用，但由于它的成分波动较大，迟迟未能实际应用。20 世纪 70 年代初，美国首先把每年排放的约 1700 万吨钢渣全部利用起来。世界许多国家处理钢渣的通行方法是热泼法，即将液体钢渣泼入专门的处理场，渣层厚度在 30 厘米以下，喷淋适量的水促其冷却，然后进行破

■图与文

钢渣属于一种工业固体废物。炼钢排出的渣，依炉型分为转炉渣、平炉渣、电炉渣。排出量约为粗钢产量的 15% ~ 20%。

碎、筛分、磁选，以回收其中金属，渣块则进行综合利用。美国伯利恒钢铁公司和我国一些钢厂都采用水力冲渣法使电炉渣、平炉前期渣实现粒化。冲水水压为 2.5 ~ 8 千克力／厘米^2，渣和水之比为 1 比 10 以上。此法工艺简单，得到的钢渣粒度大多在 1 厘米以下，便于利用，缺点是用水量大，须解决水的处理和循环利用问题。1974 年以来，日本的新日本钢铁公司采用浅盘（ISC 盘）水淬法处理转炉渣。处理方法是将液体钢渣泼入浅盘，渣层厚度约 10 厘米，喷水使渣冷却到 500℃左右，固化后将渣倾倒在运渣车上，再度喷水使渣冷却到 200℃左右，然后倒入泡渣池，冷却至常温。经过处理的渣，颗粒大多在 10 厘米以下。此法节省处理场地，操作较水力冲渣法安全，周转快，节省投资和设备，对环境的污染程度较轻。

钢渣的具体用途因成分而异。美国每年以排渣量的 2/3 作为炼铁熔剂，直接加入高炉或加入烧结矿，在钢铁厂内部循环使用。钢渣的成分中，除硅无用和磷有害外，钙、铁、镁和锰（约占钢渣总量的 80%）都得到利用。但硫、磷含量较高的钢渣作为熔剂，会使高炉炼铁的利用系数降低，法国、德国、加拿大等国都把这类钢渣用作铁路道碴和道路材料。做法是先将加工后的钢渣存放 3 ~ 6 个月，待体积稳定以后使用。这类钢渣广泛用于道路路基的垫层、结构层，尤宜用作沥青拌合料的骨料铺筑路面层。钢渣筑路，具有强度高，耐磨性和防滑性好，耐久性好，维护费用低等优点。

高磷钢渣用作肥料历史悠久。钢渣中的钙、硅、锰以及微量元素均有肥效，可作为渣肥施于酸性土壤。各类钢渣均可作为填坑、填海造地材料。我国目前生产少量钢渣水泥，多用转炉钢渣掺 50% 左右高炉粒化渣，10% 左右石膏，磨制无熟料钢渣水泥，或以 15% 左右水泥熟料代替钢渣磨制少熟料水泥。我国有些地方利用电炉钢渣生产白钢渣水泥。另外，钢渣还可制造砖、瓦、碳化建筑材料等。

铜渣的再生利用 〉〉〉

铜渣是炼铜过程中产生的渣，属有色金属渣的一种。采用反射炉法炼

铜 渣

铜排出的废渣为反射炉铜渣，采用鼓风炉炼铜排出的为鼓风炉铜渣。铜渣的主要化学组成为氧化硅、氧化锰、氧化铝等，此外还有大量的铁和少量锌，其次为磁铁矿、玻璃体和硫化物。每冶炼出1吨铜，反射炉法将产生10—20吨炉渣，鼓风炉法将产生50—100吨铜渣。

在应用方面，铜渣与淬渣掺入石灰拌和压实后可作公路基层。用气冷铜渣作为铁路道碴，效果良好。熔融的铜渣还可直接浇注成致密坚硬的铜渣筑石，也可将铜渣放入回收室氧化熔烧，再采用还原方法处理而回收粒铜。

锌渣的再生利用 〉〉〉

锌渣是冶炼锌过程中产生的渣。根据生产工艺的不同，锌渣可分为火法蒸馏渣和湿法浸出渣两大类。湿法浸出渣因含锌较高，经处理后又派生出窑渣、热酸浸出渣、烟化炉渣、半鼓风炉渣、酸化焙烧渣等。

对锌渣的处理，多采用回转窑挥发法或旋涡熔炼处理。锌的烧结焙烧矿或氧化矿在隔绝空气下加热，使氧化锌还原以金属锌蒸汽状态分离出来，剩余未还原的氧化物和脉石以固体状态残留在炉中，称为蒸馏残渣。它含锌2%～4%，还含有20%～30%的剩余固定碳和有价金属，精矿中的铜、钴、铟、锗、金、银等绝大部分集中在残渣，有综合利用价值。经旋涡炉处理后的废渣含锌可降至1%以下。处理后的废渣可集中堆放，分类管理。对浸出渣的处理方法是以渣中含有价金属的多少和有价金属的种类而定。浸出渣中含铅较多时，可作为铅冶炼的烧结配料。一般则是采用烟化法处理浸出渣，金属的回收率很高，砷和锑等有害元素有 70% ~ 75% 以固熔体状态进入到挥发后的窑渣，渣中含锌可降到 1% 左右。这一类窑（炉）渣可与火法炼锌的残渣同等处置。采用浮（磁）选法、酸化焙烧法和氯化焙烧法等对锌湿法浸出渣处理后所产生的尾

锌 渣

矿和残渣，由于是在低温及中温下的产物，未能对渣中的有害元素起到固化作用，属于有害固体废物之列。在进行堆置时，必须采取必要的工程措施杜绝废渣附液和淋液渗入地下，防止对地下水系的污染，可采用铺设防渗卷材、设置防渗墙等方法。

锑渣的再生利用 〉〉〉

锑渣是炼锑过程中产生的渣滓，锑属于重金属，其处理不当，不但造成了浪费，而且会污染环境。

传统火法炼锑过程所产生的锑渣主要有挥发炉渣和精炼碱渣两种。

挥发炉渣是锑块矿经直井炉挥出焙烧产出的炉渣，呈块状，难于利用，一般直接弃于渣场。锑粉精矿鼓风炉挥发焙烧产出的水淬炉渣，有一定利用价值。渣中含氧化铁、氧化硅、氧化钙、氧化铝等。将该渣与高炉水淬渣掺和成混合料，可制得低标号水泥作矿井内胶结充填用。其配料比为：鼓风水淬锑渣约占 28% ~ 30%，高炉水淬渣约占 35% ~ 37%，立窑煅烧熟料约占 28% ~ 30%，石膏约占 5% ~ 6%。

精炼碱渣是粗锑加碱精炼除砷过程的产物。渣中主要含锑、砷，此外

锑 渣

还含少量二氧化硅、氧化钙、氧化铝等。其中锑和砷主要以锑酸盐和砷酸盐形式存在。砷酸盐有毒，渣中的砷酸盐易溶于水，任意堆放，会污染环境。精炼碱渣的处理方法是水浸，所得浸渣含锑50％～60％，砷<1％，可返回炼锑。浸液的处理可采用钙渣法和砷酸钠混合盐法。钙渣法是将浸液和消石灰反应，生成钙渣和氢氧化钠。液固分离后，氢氧化钠溶液经蒸发浓缩后可供造纸厂使用，但是钙渣难于利用，且易造成二次污染，故钙渣法的应用受到限制。砷酸钠混合盐法是将浸液蒸发浓缩结晶，产出砷酸钠混合盐结晶或无水砷酸钠混合盐，两者均可代替白砷作玻璃生产过程中的澄清剂和脱色剂。砷酸钠混合盐法已在部分炼锑厂采用。

钨渣的再生利用 〉〉〉

钨渣是冶炼钨矿过程中产生的渣滓，钨渣分为钨水冶渣和钨净化渣。钨水冶渣又分为黑钨渣和白钨渣。黑钨渣是将黑钨矿用碳酸钠烧结分解，或用氢氧化钠加压溶解而产生的残渣。每生产1吨钨氧化物产渣 0.5 吨左右。黑钨渣的组成物大多为氧化物，白钨渣的组成物大多为氢氧化物。白钨渣是将白钨矿用盐酸分解得到的钨酸，经氨溶后产生的残渣。每生产 1 吨钨氧化物产渣 0.1 吨左右。

对于钨渣的处理常采用两种工艺方法：第一种是将黑钨渣进行还原熔炼，使其中的铁、锰、钨、钽、铌等元素生成铁合金，此种产品是生产耐磨部件很好的添加剂，用途广泛；钪等元素富集于熔炼渣中，作为提取钪

的原料。第二种是将黑钨渣用酸溶解，通过萃取等化学手段生产氧化钪、锰盐和铁红等产品。白钨渣还没有很好的综合利用的途径，一般采用渣场堆放。

钨净化渣是采用镁铵法或镁盐法除去钨酸钠或钨酸铵溶液中的硅、磷、砷后得到的废渣。每生产1吨钨氧化物产渣75～100千克。对钨净化渣的处理可采用酸解—萃取—铁氧体沉淀法：用硫酸溶解后萃取分离钨和镁，铁氧体法沉淀砷和磷。采用该工艺处理钨净化渣所回收的钨酸钠溶液和硫酸镁返回主流程使用，最终排放的渣量约为原渣量的9%，整个处理过程无废水和废气排放。

赤泥的回收利用

赤泥也称为红泥，是制铝工业提取氧化铝时排出的污染性废渣，一般平均每生产1吨氧化铝，附带产生1.0～2.0吨赤泥。我国作为世界第四大氧化铝生产国，每年排放的赤泥高达数百万吨。

赤泥矿物成分复杂，主要矿物为文石和方解石，含量为60%~65%，其次是蛋白石、三水铝石、针铁矿，含量最少的是钛矿石、菱铁矿、天然碱、水玻璃、铝酸钠和火碱。在这些矿石中，文石、方解石和菱铁矿，既是骨架，又有一定的胶结作用；而针铁矿、三水铝石、蛋白石、水玻璃起胶结作用和填充作用。

赤泥中含有多种微量元素，其中包含一些

图与文

赤泥一般含氧化铁量大，外观与赤色泥土相似，因而得名赤泥。但有的因含氧化铁较少而呈棕色，甚至呈现灰白色。

放射性元素，因此，属于危险固体废物。由于大量的赤泥不能充分有效地被利用，只能依靠大面积的堆场堆放，占用了大量土地，也对环境造成了严重的污染，已经对人类的生产、生活造成多方面的直接和间接的影响。

赤泥的处理和回收利用是一个国际性难题。为了减少污染，赤泥堆场底部应铺设不透水层，在赤泥堆上面铺土种植植物。但积极合理的办法是开展综合利用，如用赤泥生产建筑材料、土壤改良剂，以及回收其中的金属等。

赤泥氧化钙含量高，适合制造建筑材料。借助赤泥高钙、高硅而低铁的特点，利用赤泥烧制水泥是一条不错的利用途径。我国在1963年开始用它作为普通水泥的生料。赤泥浆刚从氧化铝厂排出时先通过真空过滤机过滤，使赤泥浆含水率降至60%以下。一般采用三元组分（石灰石、赤泥、砂岩）配料，有时还配入铁粉，赤泥在生料中占25%～35%。生料浆的煅烧工艺与一般的普通水泥生产基本相同。

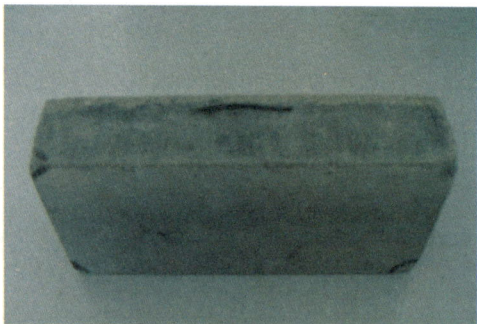

赤泥砖

此外，烧结法赤泥还可用以生产油井水泥、赤泥硅酸盐水泥、赤泥硅钙肥料等。联合法赤泥的利用同烧结法赤泥相似。但是相对于赤泥巨大的排放量，有限的利用率仍然不能减缓赤泥给社会、环境带来的沉重负担。因此，对赤泥的回收利用的研究还要进一步深入。

高炉渣的再生利用工艺

高炉渣是一种工业固体废物，是高炉炼铁过程中排出的渣，又称高炉矿渣，可分为炼钢生铁渣、铸造生铁渣、锰铁矿渣等。依矿石品位不同，

每炼 1 吨铁约排出 0.3 ~ 1 吨渣，矿石品位越低，排渣量越大。高炉渣中主要成分为氧化钙、氧化硅、氧化铝等。

早在 1589 年德国即开始利用高炉渣。20 世纪中期以后，高炉渣综合利用迅速发展。目前美国、英国、加拿大、法国、德国、瑞典、比利时等许多国家都已做到当年排渣，当年用完，全部实现了资源化。

高炉渣可采用多种工艺加工成各种生产、生活材料。通常是把高炉渣加工成水渣、矿渣碎石、气冷渣、矿渣棉、膨胀矿渣和矿渣珠等。

水渣是把热熔状态的高炉渣置于水中急速冷却的过程，主要有渣池水淬或炉前水淬两种方式。水渣作建材用于生产水泥和混凝土。

矿渣碎石是高炉渣在指定的渣坑或渣场自然冷却或淋水冷却形成较为致密的矿渣后，经过挖掘、破碎、磁选和筛分而得到的一种碎石材料，生产工艺主要有热泼法和堤式法两种，矿渣碎石在我国可以代替天然石料用于公路、机场、地基工程、铁路道渣、混凝土骨料和沥青路面等，可用于配制矿渣碎石混凝土、在软弱地基中应用、用矿渣碎石作基料铺成的沥青路面既明亮且防滑性能好还具有良好的耐磨性能制动距离缩短、用于铁路道渣可以适当吸收列车行走时产生的振动和噪音。

气冷渣又名热泼渣、重矿渣。在高炉前从地坪至炉台高度砌筑隔墙，构成泼渣坑，熔渣出炉后经过渣沟流入坑内，铺展成厚约 15 厘米的薄层，喷水冷却，凝固后掘出，经破碎、筛分，制成碎石和渣砂以代替天然砂石，作为混凝土、钢筋混凝土以及 500 号以下预应力钢筋混凝土骨料，工作温度 700℃ 以下的耐热混凝土骨料，要求耐磨、防滑的高速公路、赛车场、飞机跑道等的铺筑材

图与文

由于水渣具有潜在的水硬胶凝性能，在水泥熟料、石灰、石膏等激发剂作用下，可以作为优质的水泥原料，可制成矿渣硅酸盐水泥、石膏矿渣水泥、石灰矿渣水泥、矿渣砖、矿渣混凝土等。

料，铁路道碴，填坑造地和地基垫层填料，污水处理介质等。这种矿渣碎石被称为"全能工程骨料"。

矿渣棉是用压缩空气或高压蒸汽喷吹纤细的熔渣（高炉渣）流制取的，矿渣棉具有质轻、导热系数小、不燃烧、防蛀、价廉、耐腐蚀、化学稳定性好、吸声性能好等特点，用作保温、吸音、防火材料等，也可用铁包装材料。直接喷吹高炉熔渣，工艺简单，投资较少，但渣棉质量难以保证。以矿渣为主要原料，加入硅石、玄武岩、安山岩，有时还可加入石灰等调剂成分，再熔化后吹制，可得到优质矿渣棉。许多国家都在生产矿渣棉。在矿渣棉中加入其它具有各种特殊物理性能的胶粘剂，可制成各种矿渣棉制品，主要有粒状棉、矿棉沥青毡、矿棉半硬板、矿棉保温管、矿棉半硬板缝毡、矿棉保温带、矿棉吸声带以及矿棉装饰吸声板等。

膨胀矿渣和矿渣珠是用适量冷却水急冷高炉渣熔渣而形成的一种多孔轻质矿渣，生产方法有喷射法、喷雾法、堑沟法、滚筒法。可用于做轻骨料，用来制作内墙板楼板等，也可用于承重结构。高炉渣还可用于生产矿渣棉（以高炉渣为主要原料，在熔化炉中熔化后获得熔融物再加以精制而得到的一种白色棉状矿物纤维）、微晶玻璃、硅钙渣肥、矿渣铸石、热铸矿渣等。膨珠又名渣球。1953年加拿大研究成功生产膨珠的工艺。生产过程是在炉前安装直径1米，长2米，每分钟转速约300转的滚筒，将熔渣分散抛出20米左右。熔渣在滚筒离心力的作用以及水和空气的急速冷却作用下，形成内含微孔、表面光滑、大小

矿渣棉

不等的颗粒（粒径 10 毫米以下），即膨珠。膨珠是优质的混凝土轻骨料，比用膨胀矿渣可节省水泥 20%，还可作水泥混合材料、道路材料、保温材料、湿碾或湿磨矿渣以及稳定地基、改良土壤的材料等。膨珠粒度比热泼渣、膨胀矿渣小，一般无须再次破碎加工。膨珠生产具有设备简单、冷却迅速、场地周转快、操作方便等优点。制膨珠用水较制水渣节省，排放的蒸汽和硫化氢数量少，对环境污染较轻，而且无须进行废水处理。

此外，高炉渣还可作为铸石、微晶玻璃、肥料、搪瓷、陶瓷等的原料。

电石渣的再生利用

电石渣是电石水解获取乙炔气后的以氢氧化钙为主要成分的废渣。1 吨电石加水可生成 300 多千克乙炔气，同时生成 10 吨含固量约 12% 的工业废液，俗称电石渣浆。

电石渣浆为灰褐色浑浊液体，在静置后分成三部分，澄清液、固体沉积层及中间胶体过渡层。三者比例随静置时间及环境条件变化呈可逆变换。固体沉积物即是我们常说的电石废渣。

对于电石渣液的处理，一些建设在滨海或山区的工厂，一直以来将电石渣直接排到海塘或山谷中，电石废渣属一般工业固体废物，直接排到海塘或山谷中，占地面积大，污染严重。大多数厂采用自然沉降法。将电石渣浆

电石渣

排入沉淀池或低凹的空地上，自然蒸发待渣浆沉淀后，再用人工或用铲车、抓斗挖掘出来对外出售。自然沉降法处理效果不稳定，受环境及气象条件影响。特别是南方，雨水量大，蒸发量小，雨季沉淀物含水量高，一般在50% ~ 60%呈厚浆状，因此，很多时候根本无法挖掘和利用。

干电石废渣中主要含氢氧化钙，可以作消石灰的代用品，广泛用在建筑、化工、冶金、农业等行业。但是当电石废渣含水量超过50%时，其形态呈厚浆状，贮存、运输比较困难。电石废渣可以用作制水泥的原料，我国很多企业，比如吉林化工厂、天津化工厂、贵州有机化工总厂、山西省化工厂等专有一条水泥生产线消化电石废渣。如吉化公司采用浓缩池将渣浆浓度由5% ~ 8%浓缩到35%、砂泵送入料槽，在分去一部分上清液后和砂岩、黏土浆配制成水泥生料，再送回转窑煅烧制水泥。

环氧丙烷是一种重要的化工原料，以丙烯、氧气和熟石灰为原料的氯醇化法生产环氧丙烷工艺过程中需要大量的熟石灰。由于电石渣中氢氧化钙的质量分数高达90%以上，而国内熟石灰中氢氧化钙的平均质量分数仅为65%，因此，采用电石渣不仅使环氧丙烷的生产成本下降约130元/吨，而且其中未反应的固体杂质处理量比用熟石要少得多。利用电石渣生产环氧丙烷，不仅充分利用电石渣资源，实现了变废为宝，化害为利，而且生产的环氧丙烷质量稳定，符合标准。

■图与文

熟石灰又叫消石灰，化学名称叫氢氧化钙，是一种白色粉末状固体，是一种强碱，具有碱的通性，微溶于水，可放出大量的热，腐蚀性弱。

用电石渣代替石灰生产氯酸钾，其生产过程是先将电石渣浆中的杂质除去后进入沉淀池，得到浓度为12%的乳液，用泵将电石渣乳液送至氯化塔并通入氯气、氧气。在氯化塔内，氢氧化钙与氯气、氧气

发生皂化反应生成氯酸钙，去除游离氯后，再用板框压滤机除去固体物，将所得溶液与氯化钾进行复分解反应生成氯酸钾溶液，经蒸发、结晶、脱水、干燥、粉碎、包装等工序制得产品氯酸钾（KClO3）。每生产 1 吨氯酸钾，利用电石渣 10 吨，可节省石灰 4 吨，这样用电石渣代替石灰生产氯酸钾，实现了综合利用电石废渣的目的，不仅减少了电石废渣对环境造成的危害，同时也减少了石灰储运过程中造成的污染，而且改善了劳动条件。

美国肯塔基州路易斯维尔城炼气厂很早意识到电石渣浆处理的紧迫性。早在 1948 年就建成日产 60 吨生石灰试验装置。采用电石生产石灰工艺流程大致是这样的：脱水后得到含固量 60% 的电石废渣，用螺旋运输机输送，在造粒机长度四分之三处均匀分配至造粒机内，造粒制成 5～20 毫米大小不等的圆球，再经气流干燥炉（350℃）干燥，回转炉（900～1000℃）煅烧。干燥炉内物料的干燥是利用回转炉内来的热废气干燥的。煅烧成的回收石灰流入卸料斗，装车运送到电石厂作电石原料。

废石膏的回收利用

废石膏是以硫酸钙为主要成分的一种工业废渣。废石膏呈粉状，主要成分是硫酸钙（含量在 80% 以上），其他成分为硅、铝、铁、镁、钠、钾、磷、硫、钛、锰、铈、碳、氟等元素的氧化物。

废石膏因来源不同而有不同的品种，如用磷酸盐矿石和硫酸制造磷酸产生的废渣为磷石膏，用氟化钙和硫酸制取氢氟酸时生成的石膏为氟石膏，用海水制取食盐过程中产生的石膏为盐石膏，用钛铁矿矿石制取二氧化钛过程中和用废硫酸进行中和反应所生成的石膏为钛石膏，苏打工业和人造丝工业中用氯化钙和硫酸钠反应生成的石膏为苏打石膏等。

废石膏呈粉末状，一般以料浆形式排出，颗粒直径在 5～150 微米之间，硫酸钙含量一般在 80% 以上。硫酸钙通常有三种结晶形态：二水石膏

普通石膏粉

（$CaSO_4 \cdot 2H_2O$）、半水石、硬石膏（$CaSO_4$）。在废石膏总量中，磷石膏占大多数。

废石膏的排放量很大，每生产一吨磷酸约可排出 5 吨磷石膏。大量废石膏如不加处置，任意堆存，不但占用大片土地，而且会污染水体和土壤。例如，氟石膏中氟含量高达 3.07%，其中 2.05% 是水溶性的，如处置不当，则会危害农业生产和人体健康并威胁牲畜生长繁殖。

在废石膏利用方面，日本走在了世界前列，其回收利用率最高。如在 1956 年开始试验用磷石膏做水泥缓凝剂，现已大量推广应用。我国利用废石膏做水泥缓凝剂也有较丰富的经验。磷石膏中含有水溶性五氧化二磷和氟，会对水泥水化反应产生不良影响，导致水泥凝结过于缓慢，早期强度降低。因此，用作缓凝剂的磷石膏，可用水洗或石灰乳中和这些杂质。氟石膏、苏打石膏、钛石膏作水泥缓凝剂的性能优于磷石膏，应用比较简便。

另外，还可以用废石膏生产建材制品，主要有两种加工方法。一种是以日本为代表的烘烤法制取 β—半水石膏，另一种方法是以德国为代表的高压釜法制取 α—半水高强石膏，主要的建材制品是石膏板。我国近年来也以废石膏为原料研制石膏板，主要有磷石膏空心条板、氟石膏空心条板、氟石膏纸面石膏板、盐石膏纤维石膏板，各种板材技术性能都较好。此外，用液相转化的蒸压釜法制取 α—半水高强石膏以及用废石膏同时生产硫酸和水泥的方法都有很好的发展前途。

废旧橡胶的回收利用

　　废旧橡胶的回收利用主要有两种方法：第一种是通过机械方法将废旧轮胎粉碎或研磨成微粒，即所谓的胶粒和胶粉；第二种方法通过脱硫技术破坏硫化胶化学网状结构制成所谓的再生橡胶。

　　废旧橡胶制品中一般都会有纤维和金属等非橡胶骨架材料，加之橡胶制品种类繁多．所以在废旧橡胶粉碎前都要进行预先加工处理，其中包括分拣、去除、切割、清洗等加工。

　　经过分拣和除去非橡胶成分的废橡胶，由于长短不一，厚薄不均，不能直接进行粉碎，必须还要对废橡胶切割。国外对轮胎普遍采用整胎切块机切成25毫米×25毫米不等胶块。大的胶块则重新返回切割机上再次切割。需要注意的是，废橡胶特别是轮胎、胶鞋类制品，由于长期与地面接触，夹杂着很多泥沙等杂质，因此在粉碎前应先用转桶洗涤机进行清洗。

　　一般采用冷冻粉碎和常温粉碎两种工艺粉碎废旧橡胶。

　　冷冻粉碎工艺有两种：一种是低温冷冻粉碎工艺。另一种是低温和常温并用粉碎工艺。前者是利用液氮为制冷介质，使废橡胶深冷后用锤式粉碎机或辊筒粉碎机进行低温粉碎。微细橡胶粉生产线即是采用后一种方法进行生产的。利用液氮深冷技术把废旧轮胎加工成80目以上的微细橡胶粉，其生产线的生产全过程均采用以压缩空气为动力的送料器和封闭

图与文

　　对于废轮胎这类体积较大的制品，粉碎前要除去胎圈，亦有采用胎面分离机将胎面与胎体分开。胶鞋主要回收鞋底，内胎则要除去气门咀等。

式管道输送，除废旧轮胎投入和产品包装时与空气接触外，全线均为封闭状态。另外，由于采用冷冻法生产，无高温气味，所以不产生二次污染。并通过微细胶粉和粗粉的热交换过程达到了充分利用能源、降低能耗即降低产品成本的目的。

常温粉碎法一般分粗碎和细碎。一种是粗碎和细碎在同一台设备上完成；另一种是粗碎和细碎在两台不同的设备上完成。粗碎和细碎在同一台设备上完成的过程是这样的：进行该操作的两个辊筒其中一个表面带有沟槽，另一个表面无沟槽，即为沟光辊机。首先通过输送带将洗涤后的胶块送入两辊筒间进行破胶，然后将破碎后的胶块和胶粉落入设备底部的往复筛中过筛，达到粒度要求的从筛网落下，通过输送器入仓；未达到要求的胶块，通过翻料再进入沟光辊机中继续进行破碎。粗碎和细碎在两台设备上进行的方式：粗碎在两只辊筒表面都带有沟槽的沟辊机上进行，粗碎过的胶块大小一般在6—8毫米，然后进入光辊细碎机上进行细碎，其粒度一般为0.8—1.0毫米。

废旧橡胶经粉碎过后会得到粉末状橡胶材料，被称作胶粉，胶粉是一种粉粒状材料，所以对胶粉来说粒子尺寸、表面形态对它的使用性能将有重要影响。通常来说，胶粉越细，其性能越好。越细的胶粉其硫化胶的拉伸强度、伸长率和磨耗等越接近于未加胶粉的。而耐疲劳性、抗裂口增长等性能均比未加胶粉的高，越细的提高幅度越大。

胶粉的应用非常广泛，概括起来可分为两大领域：一是直接成型或与新橡胶并用做成产品，这属于橡胶工业范畴；二是在非橡胶工业的广阔领域

胶 粉

中应用。现在全球范围内越来越多的厂商采用胶粉替代原生材料，广泛用于体育塑胶运动场、游乐场、橡胶地砖、防水卷材、防水涂料、公路改性沥青、橡胶制品、变性淀粉等生产领域。

　　用胶粉改性沥青铺设的公路在很多发达国家，如加拿大、美国、比利时、法国、荷兰等国均有应用。我国也有些省市，如江西、湖北、广州、北京等地，相继铺设了实验路段。实践证明，用胶粉改性的沥青铺设的公路可以减少路面龟裂和软化，路面不易结冰和打滑，提高了行驶安全性，还可以提高路面寿命，比一般的沥青路面的使用寿命至少提高了一倍。

　　由于超细胶粉能提高撕裂、疲劳等性能，所以在某些制品中还特别要求掺用，例如，在胎面胶中掺入 10 质量份细度 100 目以上的胶粉能提高轮胎的行驶里程。表面活化的胶粉比未活化的胶粉性能还会进一步的提高，应用将进一步扩大。

　　将橡胶生胶在机械力、热、氧等作用下，从强韧的弹性状态转变为柔软而具有可塑性的状态，这个工艺过程被称为塑炼。塑炼的目的是通过降低分子量，降低橡胶的黏流温度，使橡胶生胶具有足够的可塑性。以便后续的混炼、压延、压出、成型等工艺操作能顺利进行。同时通过塑炼也可以起到"调匀"作用，使生胶的可塑性均匀一致。塑炼过的生胶称为"塑炼胶"。但如果生胶本身具有足够的可塑性，则可免去塑炼工序。

　　法国一家公司将废旧轮胎装入特制的金属箱内，可吸收噪音，减少环境噪音危害。这种金属箱对着噪音的那面由穿孔的金属薄片制成，它能将噪声声波汇聚到半个轮胎组成的内壳表面上，而表面可将噪声声波减弱或吸收。该降噪装置对交通繁忙地段 250 ～ 2000 赫兹噪声的吸收量，最多可达 85%。

废弃塑料的循环再利用

　　塑料废弃物是指在日常生活和其他活动中产生的污染环境的废弃塑料

■图与文

白色污染的主要来源有食品包装、泡沫塑料填充包装、快餐盒、农用地膜等。我国是世界上十大塑料制品生产和消费国之一，再加上处理措施不当，所以"白色污染"现象很严重。

或塑料制品。塑料废弃物的种类很多，最常见的有废弃的日用塑料制品（如废塑料鞋、台布、婴儿尿布、废塑料包或人造革包、塑料化妆品瓶、药瓶等）、废弃的农用塑料制品（如用过的棚膜、地膜等）。

废弃塑料容易被人们随意乱扔，不仅侵占了大量的农田，而且还污染了环境，如今已成为城市生活垃圾的主要组成部分之一，是一道特殊的"城市景观"。国外常将这部分塑料废弃物称之为"塑料垃圾"，我国则称之为"白色垃圾"。

以往人们对付废弃塑料制品最常用的办法是将其付之一炬或者填埋，但这样做不仅浪费了资源，而且进一步造成了大气和土壤污染。如今，传统的填埋和焚烧处理方法正逐步被复用、降解或分解工艺所替代。废弃塑料制品的回收再利用，不仅可以保护环境、节省能源，而且具有很好的经济性。

制造燃油 〉〉〉

用废旧塑料制造燃油是一项新的实用技术，可以利用的废塑料十分广泛，有食品袋、废编织袋、饮料瓶、塑料鞋底、电线电缆皮、泡沫饭盒、塑料玩具等。利用废旧塑料生产出来的燃油属于合格不含铅高质量燃油，经试验，1吨废旧塑料可生产大约半吨这样的燃油。

制隔音材料料 〉〉〉

废旧泡沫塑料被粉碎后，经过红外线照射加热，其体积减少到1/20以

下，然后与特殊的水泥相混合，制成"米花糖"状的建筑材料。这种建筑材料的消音效果平均为60%，对某些频率的噪声抑制可达到90%以上。这种材料现已被用作发电站隔音设施的墙壁和天花板。

制造轻质屋面保温材料 〉〉〉

将废发泡聚苯乙烯粉碎，加入膨胀珍珠岩及水泥、砂浆，搅拌混合均匀，于屋面上养护3天，自然干燥，然后同水泥砂浆抹平成轻质混凝土保温层。用该法制成的材料生产成本低，保温性好，屋内冬暖夏凉。

具体制作方法如下：

把废发泡聚苯乙烯洗净，粉碎到粒度0.1厘米~0.5厘米，加32.5级硅酸盐水泥，二者的体积比为2∶1~3∶1，加质量比为1%~3%的早强剂（无机碱），用水搅拌成浆状，加松香皂发泡剂，再搅拌成浆状，入模，1小时后脱模，养护7天后制成10厘米厚的板材，其传热系数、抗压强度均较好，保温性能可达到黏土砖墙厚95厘米的保温效果。屋面使用时于板上抹一层水泥砂浆，以水保养，再用沥青油毡做防水层即可。

制造防水卷材 〉〉〉

将废发泡聚苯乙烯洗净、干燥，用廉价苯酚或氯烃残液溶解，加入增韧剂和成膜防渗耐磨剂调和成黏胶状，经吹或涂于玻璃布表面，可干燥成屋顶防水或管道用防水卷材。溶剂经冷却可循环使用。

生产防水抗冻胶 〉〉〉

以发泡塑料废弃物为基料，在独特配方和工艺条件下可以生产多品种、多用途室内外建筑装修耐水胶膏胶液系列产品。据试验，每吨废料可产数吨成品胶。

用塑料垃圾铺路 >>>

芬兰国家公路研究中心将塑料垃圾，如各种物质的塑料包装等，掺和到沥青中用来铺设公路。其方法是：先将塑料杯、袋、瓶等废料粉碎，加热后用溶剂处理，然后将制得的物质添加到沥青中，其比例可占30%。铺成的道路不仅更具有弹性，而且与车轮摩擦的噪声也更小。

制取芳香族化合物 >>>

日本正在进行以废塑料为原料制取化工原料新技术的实用化研制开发。其方法是把PE、PP等废塑料加热到300℃，使之分解为碳水化合物，然后加入催化剂，即可合成苯、甲苯和二甲苯等芳香族化合物，在525℃的温度下反应时，废旧塑料的70%能够转换为有用的芳香族物质，这些物质可做化工品和医药品的原料及汽油用燃料改进剂等，用途极广。

需要注意的是，无论是化学方法或是物理方法转换利用，均面临一个主要困难，即回收的废旧塑料品种混杂，不易鉴别分类，另一方面又特别不干净，清洗非常困难，运营成本很高。解决的方法主要有两种：限制生产多组分的塑料制品和提高分类收集、分捡水平。如为了保护瓶内的果汁等饮料免受紫外线照射，生产厂家会使用蓝色及绿色塑料瓶，目前认为合理地解决紫外线照射的办法是，将透明瓶全部用标签覆盖，在标签上留有缝纫机针眼般的小孔以便轻松剥下。第二个办法是采用先进的自动分捡线。目前，国外分捡技术发展很快，很多自动化分捡线已经投入使用，可非常准确地对不同种类的材料进行分捡处理。

废 PET 饮料瓶的回收利用

PET 塑料饮料瓶的消费量很高，废 PET 饮料瓶的再生利用，不但可以减少环境污染，而且可以变废为宝。

PET 饮料瓶回收利用有化学回收和物理回收两种。化学回收法是将 PET 废瓶在一定反应条件下解聚生成有用化学品的方法，如生产低档燃料汽油。物理回收法是将废 PET 瓶经过分离、破碎、洗涤及干燥处理进行再造粒方法。物理回收法主要有以下两种：一是将废 PET 瓶切碎成片，从 PET 中分出 HDPE（高密度聚乙烯）、铝、纸和粘合剂，PET 碎片再经洗涤、干燥、造粒；二是先将废 PET 瓶上非 PET 的瓶盖、座底、标签等杂质用机械方法分离，再洗涤、破碎、造粒。前一种工艺流程：用人工方法先除去石块、木料及其它塑料制品以及有色 PET 瓶。再生 PET 中不得含有 PVC 杂质，因为其存在是影响 PET 色泽的关键因素。当 PVC 混入量较少时可在传送带上用人工方法分离，即受扭力作用时 PVC 与 PET 瓶在受力部分产生不同的物理现象，PVC 瓶出现不透明痕迹，PET 瓶没有，即可进行分离。也有些公司利用 PVC 与 PET 不同熔点将破碎 PET 和 PVC 碎片通过装有加热器控制一定温度的传送带，PVC 被熔化后粘附在传送带上，这样可与 PET 分离开。

洗净及杂质分离

■图与文

PET 塑料简称 PET 或 PETP，中文意思是：聚对苯二甲酸类塑料，主要包括聚对苯二甲酸乙二酯 PET 和聚对苯二甲酸丁二酯 PBT。聚对苯二甲酸乙二醇酯又俗称涤纶树脂，俗称涤纶树脂。

利用 PET 废塑料制作的油桶

技术是获得高质量再生 PET 的关键。饮料瓶通常使用塑料 PE 或指标签，纸标签可用粘接剂，也可在瓶子吹塑过程中粘上去，当 PET 瓶破碎后，部分标签被破碎成碎片，有的仍然粘附在 PET 碎片上，破随后的 PET 通常采用鼓风机和旋风分离机组合分离装置，可以除去约 98% 疏松标签碎片，也可采用抽气塔分离装置分离，破碎的 PET 碎片垂直从分离塔顶部加入，碎片与上升气流形成逆流，利用 PET 与标签碎片比重差异，标签被抽去 PET 从分离器底部出来，为了保证标签分离效率，在生产中可采用两套以上的分离装置。

洗涤的目的是除去粘接剂、灰和原瓶中的残留物。洗涤采用 80—100℃热水来软化或溶解粘贴标签和底座粘接剂或其他类型粘接剂，为防止脱落的粘接剂再粘附 PET 碎片，需在水中加入添加剂，如碱、乳化剂或其它专用化学剂，清洗液一般由工厂根据废瓶来源和粘接特性来确定其配方组成和含量，清洗液可滤去杂质重新加热后循环使用，洗涤可在装有搅拌器的特别清选罐内进行。

底座的分离是利用底座 HDPE 密度与 PET 密度不同的特性将其分离。分离在腐洗罐中进行，HDPE 碎片从罐顶部溢出，下沉的 PET 碎片从罐底部出去。有的则采用水力旋流器分离代替浮选罐，其分离效果更好。

后一种工艺流程是先把 PET 瓶中的非 PET 成分分离，然后再破碎回收。它是先采用人工方法将石块、木料及其它塑料制品以及有色饮料瓶分离。PVC 瓶的分离可采用人工挑选方法或 PVC 分离设备进行。金属铁的分离可

采用磁铁分离器进行分离。饮料瓶通过输送机后进入清理机，瓶子垂直进入加工生产线，通过除环机和除盖机将瓶盖和拉环拆除，并经称重确保瓶盖已拆除，检测发现某个瓶子重量超过标准将其从生产线上分离出去。然后向每个废 PET 瓶子注入 100 毫升开水，溶解瓶内残余饮料，同时将瓶夹紧挂起，瓶外用高压水刷洗，用热水使粘接剂软化，这样底座自行脱落，塑料或纸质标签脱出。经过洗涤后将瓶底部切除，放出瓶内的水。经过连续干燥器将 PET 瓶碎片干燥至水分含量低于 0.05%。

以上两种回收工艺各有特点。第一种回收方法较易形成大规模生产，但分离技术比较复杂，分离设备较多，投资较大。第二种方法产品纯度较高，使用设备较少，投资较省，但仅适用于无破损的完整的饮料瓶，被压扁或有破损的饮料瓶需分离出去，用其它的方法另行回收。

国内用回收的 PET 制造有色农药瓶，替代玻璃瓶以减少产品破损。国外用回收 PET 制造 PET 包装。澳大利亚用回收的 PET 作为三层包装瓶的中间层原料，再生 PET 广泛用于生产 3—17dtex（线密度单位）短纤维，用作非织布。美国还应用再生 PET 来生产 6.6—9.9dtex 中空纤维，用作絮棉填充料。再生 PET 还可用于服装用纤维，例如美国 Dyersburg 织物厂用 100% 废 PET 瓶再生 PET 切片生产绒面布，美国 WellmanFiber 公司开发室外用面料，再生 PET 纤维与其它纤维混纺，混纺率可达 89%，该公司还与其它公司合作，以废 PET 饮料为原料生产衣用涤纶短纤维。美国巴塔哥尼亚公司用再生 PET 纤维与其它纤维混纺生产运动衣，混纺率达 80%。

日本在利用 PET 方面也颇有建树，帝人公司开发了一种从废 PET 瓶中 DMT（对苯二甲酸二甲脂）和 EG（乙二醇）的循环方法，先把废 PET 瓶压碎并清洗，然后溶解于 EG 中，在 EG 的沸点温度和 0.1Mpa 的压力下，把 PET 进行解聚，生成双—对苯二甲酸羟乙酯（BHET）。再经过滤，除去滤渣和添加剂，使 BHET 与甲醇起反应，在甲醇的沸点温度和 0.1Mpa 的压力下，经过酯交换反应生成 DMT 和 EG。再经过蒸馏，把 DMT 和 EG 进行分离，然后通过重结晶过程，把 DMT 精制。通过蒸馏把 EG 纯化，甲醇可循环使用。回收的 DMT 和 EG 的纯度都达到 99.99%，生产成本与通用的

DMT 和 EG 法的成本不相上下。DMT 可以转化成纯 TPA（对苯二甲酸），用于制造瓶级 PET 树脂。循环装置可以生成 10% 左右的该公司生产树脂用的原料。

包装材料的回收再利用

纸、塑料、金属、玻璃是食品产业常用的包装材料。这些包装材料用量很大，用过之后如果废弃，则造成很大的浪费，而且会污染环境。最好的办法就是对这些用过的包装材料进行回收利用。

纸类包装材料的回收利用 〉〉〉

缓冲包装材料

废纸的再生利用具有良好的经济效益及社会效益，因为这不仅是造纸原料的重要来源，而且对于资源保护及环境保护都具有十分重要的意义。由于环境保护越来越严格，再生资源的价格不断上涨和能源的压力，废纸作为造纸工业再生资源更显示重要的地位及作用。另外，它还可以用来生产其他产品，如制造缓冲包装材料、复合材料板生产甲烷等。

塑料包装材料的回收利用 〉〉〉

塑料回收再利用是一种最积极的促进材料再循环使用的方式，既不再有加工处理的过程，而是通过清洁后直接重复再用。这是一种回收循环利用技术。它是有效节约原料能源、减少包装废弃物产生量的重要手段。

塑料的回收利用主要有两种方法，一种是机械处理再利用。一种是化学降解。机械处理再利用又包括直接再生和改性再生。直接再生工艺较简单，操作比较方便、易行，所以应用较广泛。改性再生目的是提高再生料的基本力学性能，以满足再生专用制品质量的需求。

金属包装材料的回收利用 〉〉〉

金属材料的使用至今已有6000多年的历史，它的使用加速了人类的进步。现在人类已经认识到地球上各种资源不是无穷无尽的，资源的有限与人类消耗的无限，已成人类进一步发展的难题。特别是金属材料的枯竭，将成为一个横亘在人类面前的高峰。

食品中的金属包装主要是些金属盒罐，而对于这些包装物的回收利用的工艺比较简单。主要有清洗以后直接重新使用，进行简单的变形再使用，直接熔化后再制成新产品等。

玻璃包装材料的回收使用 〉〉〉

目前玻璃包装瓶(罐)的回收利用主要有四种类型: 包装复用、回炉再造、原料回收和转型利用

所谓复用方式就是将废弃的玻璃不进行任何化学的变化直接再利用。回炉再造是指将回收来的各种包装玻璃瓶用于同类或相近包装瓶的再制造，这实质上是一种为玻璃瓶制造提供半成品原料的回收利用。原料回收利用

指将不能复用的各种玻璃瓶包装废物用作各种玻璃产品。转型利用是指将回收的玻璃包装直接加工，转为其它有用材料的利用方法。

矿业固体废物的处理与利用

矿业固体废物是指开采和冶炼过程中产生的废石和尾矿（金属很少的矿渣）以及其他废弃物。矿石开采过程中，必须剥离围岩，排出废石。采得的矿石通常也需要经过选洗以提高品位，因而排出尾矿。开采 1 吨煤，一般要排出 200 千克左右煤矸石。各种金属矿石，提取金属后要丢弃大量矿业固体废物。

矿业废物大量堆积，污染土地，或造成滑坡、泥石流等自然灾害；废石风化形成的碎屑和尾矿可被水冲刷进入水域，被溶解渗入地下水中，造成地下水污染。另外，矿业废物中含有砷、镉等重金属元素或放射性元素，直接危害人体健康。

拿尾矿来说，尾砂具有颗粒细、体重小、表面积大，具有遇水容易流走、遇风容易飞扬等特点，因此，尾砂对空气、水体，农田和村庄都是一种潜在的危害。1964 年，英国威尔士北部的巴尔克尾砂坝被洪水冲垮，尾砂流失后毁坏了大片肥沃的草原，其覆盖厚度达 0.5 米，使土壤受到严重污染，牧草大片死亡。1970 年 9 月，赞比亚穆富利拉铜矿尾砂坝的尾砂涌入矿坑内，导致 89 名井下工人死亡，彼得森矿区全部被淹没。1986 年，我国湖南东坡铅锌矿的尾砂坝体因暴雨而坍塌，造成了数十人伤亡，直接经济损失达数百万元。2000 年 11 月，广西河池一尾砂坝倒坍，造成数十人死亡，数十间房屋倒塌，损失惨重。据统计，全世界每年约排放矿业废物 300 多亿吨，大量的矿业废物造成环境的严重污染。

为防止废石和尾矿受水冲刷和被风吹扬而扩散污染，人们想出了下列办法：

第一种方法是物理治理法：向细粒尾矿喷水，覆盖石灰和泥土，用树皮、稻草覆盖顶部。这种方法对铜尾矿最为有效。也可在上风向栽植防风林，并用石灰石粉和硅酸钠混合物覆盖。

第二种方法是植物治理法：在废石或尾矿堆

图与文

尾砂一般由选矿厂排放的尾矿矿浆经自然脱水后形成，是固体工业废料的主要成分，其中含有一定数量的有用金属和矿物，可视为一种复合的硅酸盐\碳酸盐等矿物材料。

场上栽种永久性植物。试验证明，铅锌矿钙质尾矿场适于种植牛毛草，铅锌矿的酸性尾矿场适于种植苇草。英国还发现矿山地区自然生长一种禾草，有抵抗高金属含量和耐低养分的能力，能起良好的稳定和保护作用。

第三种方法是化学治理法：利用可与尾矿化合的化学反应剂（水泥、石灰、硅酸钠等），在尾矿表面形成固结硬壳。此法成本较高，有的尾矿常同砂层交错，化学反应剂难于选择。化学法可以同植物法结合起来处理尾矿。在尾矿场播下植物种子后，施加少量化学药品防止尾矿场散砂飞扬，保持水分，以利于植物生长。美国的科罗拉多、密歇根、密苏里、内华达等州采用了这种方法，且取得了实效。

第四种方法是土地复原治理法：在开采后被破坏的土地上，回填废石、尾矿，沉降稳定后，加以平整，覆盖土壤，栽种植物，或建造房屋。我国部分地区的粉煤灰贮灰场、铁和铝矿废石场等已完成土地复原，种植植物，发展生产。

处理不是上上之策，利用才是最好的解决之道。大多数废石和尾矿可制作建筑材料，或者用于农业。美国田纳西州马斯科特锌矿含锌

4%和含石灰石95%，矿石经富集后炼锌，尾矿作农用石灰，废石作筑路材料和混凝土工程骨料，矿石几乎全部得到利用。

有的废石和尾矿含有金属，可设法回收。例如含钒钛磁铁矿石炼铁后，

煤矸石堵塞河流

可回收钒和钛。许多铅、锌、铜、镍矿是共生的，应采用综合冶炼工艺，以免其中某些有色金属矿物成为废物。

煤矸石是采煤过程和洗煤过程中排放的固体废物，是一种在成煤过程中与煤层伴生的一种含碳量较低、比煤坚硬的黑灰色岩石。包括巷道掘进过程中的掘进矸石、采掘过程中从顶板、底板及夹层里采出的矸石以及洗煤过程中挑出的洗矸石。其主要成分是氧化铝、二氧化硅，另外还含有数量不等的氧化铁、氧化钙、氧化镁、氧化钠、氧化钾、五氧化二磷和微量稀有元素镓、钒、钛、钴等。

煤矸石弃置不用，不但占用大片土地，而且煤矸石中的硫化物逸出或浸出会污染大气、农田和水体。矸石山还会自燃发生火灾，或在雨季崩塌，淤塞河流造成灾害。我国积存煤矸石达 10 亿吨以上，每年还将排出煤矸石 1 亿吨。为了消除污染，自 20 世纪 60 年代起，很多国家开始重视煤矸石的处理和利用，利用途径有以下几种：

（1）回收煤炭和黄铁矿：通过简易工艺，从煤矸石中洗选出好煤，通过筛选从中选出劣质煤，同时拣出黄铁矿。或从选煤用的跳汰机——平面摇床流程中回收黄铁矿、洗混煤和中煤。回收的煤炭可作动力锅炉的燃料，洗矸可作建筑材料，黄铁矿可作化工原料。

（2）用于发电：主要用洗中煤和洗矸混烧发电。我国已用沸腾炉燃烧洗中煤和洗矸的混合物（发热量每千克约 2000 大卡）发电。炉渣可生产炉渣砖和炉渣水泥。日本有 10 多座这种电厂，所用中煤和矸石的混合物，一般每千克发热量为 3500 大卡；火力不足时，用重油助燃。德国和荷兰把煤

矿自用电厂和选煤厂建在一起，以利用中煤、煤泥和煤矸石发电。

（3）制造建筑材料：煤矸石可代替黏土作为制砖原料，以少挖良田。烧砖时，利用煤矸石本身的可燃物，可以节约煤炭。另外，煤矸石可以部分或全部代替黏土组分生产普通水泥。自燃或人工燃烧过的煤矸石，具有一定活性，可作为水泥的活性混合材料，生产普通硅酸盐水泥（掺量小于20%）、火山灰质水泥（掺量20～50%）和少熟料水泥（掺量大于50%）。还可直接与石灰、石膏以适当的配比，磨成无熟料水泥，可作为胶结料，以沸腾炉渣作骨料或以石子、沸腾炉渣作粗细骨料制成混凝土砌块或混凝土空心砌块等建筑材料。

（4）用来烧结轻骨料。轻骨料是为了较少混凝土的相对密度，而选用的一类多孔骨料。日本于1964年开始用煤矸石作主要原料制造轻骨料，用于建造高层楼房，建筑物重量可因此减轻20%。

此外，煤矸石还可用于生产低热值煤气，制造陶瓷，制作土壤改良剂，或用于铺路、井下充填、地面充填造地。在自燃后的矸石山上也可种草造林，美化环境。

核工业废物的处理与利用

核工业废物是指含有 α、β 和 γ 辐射的不稳定元素并伴随有热产生的无用材料。核废料具有高放射性，可以说是些异常危险的垃圾。核废物进入环境后会造成水、大气、土壤的污染，并通过各种途径进入人体，当放射性辐射超过一定水平，就能杀死生物体的细胞，妨碍正常细胞分裂和再生，引起细胞内遗传信息的突变。据测定，一台1000兆瓦核电站的年核废物中含有10千克的锝—237和20千克的锝—99，如以非专业人员允许的年接受辐射剂量率为标准，那么上述核废物即使贮存100万年，仍高出允许剂量的3000万倍！如果直接排放，需用6亿吨水稀释锝—237，用3000万吨

■图与文

核电站一般分为两部分：利用原子核裂变生产蒸汽的核岛（包括反应堆装置和一回路系统）和利用蒸汽发电的常规岛（包括汽轮发电机系统），使用的燃料一般是放射性重金属：铀、钚。

水稀释镉，才符合环境要求，显然，这是做不到的。

核能的利用，目前来看，主要是利用核能发电。核能发电，即利用核反应堆中核裂变所释放出的热能进行发电的方式，它与火力发电极其相似。只是以核反应堆及蒸汽发生器代替了火力发电的锅炉，以核裂变能代替矿物燃料的化学能。但与火电不同，它不产生空气污染，而且所需原料体积小，一架飞机就可能将一座中小型核电站全年所需的核燃料运走。据介绍，我国的秦山、大亚湾等核电站用的都是热中子反应堆（简称热堆）。热堆中使用的核燃料，主要是从天然铀中提取的同位素铀—235，它与热中子撞击产生裂变能量。但是在天然铀中，这种"有效"同位素含量只有不到1%，而几乎占99%的含量的，是一种叫铀—238的同位素，它不能用来发电，而且它在热堆反应之后，会变成钚—239，这种物质在热堆中不能得到有效利用，必然成为目前的核垃圾。如果这99%是彻头彻尾的垃圾也便罢，扔掉即可，但它们却充满了危险性。乏燃料中众多放射性元素都拥有数以万年乃至上百万年的半衰期。高放射性乏燃料含有多种对人体危害极大的放射性元素，仅10毫克的钚就能使人毙命。根据报告，秦山核电站每年产生10吨左右的乏燃料，大亚湾核电站每年则产生40吨左右的核废料。预计到2020年，我国的核电装机容量将从既定目标4000万千瓦提高到7000万至8000万千瓦。以未来我国7000万千瓦核电装机计算，每年将产生约38500立方米的低放射性固体废物。

核废物的处理与利用是举世瞩目的难题。据统计，世界各地核电站每年产生约1万立方米核废物，存放低放射性（半衰期小于30年）的核废物

秦山核电站

不用深埋，地表下几十米即可，但也得层层设防。法国1996年建成第一座大型陆地核废料储存库，外形如一个小山丘，由140万吨砂岩、片岩、黄沙和泥土组成，第一层是植被，第二层是硬石层，第三层是沙子，第四层是防水沥青膜，第五层是排水层，第六层是覆盖在装有核废物的铁桶上的硬土石层。目前对于高放射性核废物，是采用地质深埋的方法处理的。常见的矿山式处置库，位于300～1500米深处。若深部钻孔，如在花岗岩石中凿一个地下处置库，则要建在几千米深处。库的结构包括天然屏障和工程屏障，以防止废物中的放射性核素从包装物中泄漏，但很难保证在长达上百万年中包装材料不被腐蚀、地层不变动。因此，这一处理方法不是万无一失。我国已建好的西北处置场、华南处置场，是存放低、中放射性核废物的近地表处置场。对高放射性核废物我国目前还没有地质处置库，只

封装处置法示意图（横截面）

能继续贮存。

防患不如利用，在环保和生态问题日益引起重视的今天，有关核废料的利用已经成为各国科学家研究的重点。从反应堆取出的废核燃料中有由铀 238 转变成的钚 239，这是宝贵的核燃料，因此首先要在核电站进行一定处理，再放在水池中贮存几个月，最后把它送往钚提取工厂将钚提出来。经提取后余下的为放射性废物，可以把它装罐密封后，埋在岩层中，也可以保存在地面上的贮存库内。还可以用反应堆的方法把长寿命的放射性废物转变成稳定的短寿命的同位素。核反应堆堆芯一般可运行 30 年。用完以后，一般是用混凝土把它们密封起来。这样做的好处是在核电站的旧址可以再安装新的反应堆。

2011 年，我国第一座动力堆乏燃料后处理中间试验工厂——中核四〇四中试工程热调试取得成功。这标志着我国科学家靠自力更生实现了核燃料循环的整套技术突破，实现了核动力堆中燃烧后的核燃料的铀、钚材料回收。而如果能将钚材料在动力堆上实现循环利用，这意味着在现有核电规模下，我国已经探明的铀资源从大约只能使用 50~70 年，变成了足

俄罗斯 Mayak-RT 乏燃料后处理厂

够用上 3000 年。此前，法国、英国、俄罗斯、日本、印度等国掌握动力堆乏燃料后处理技术，但对自己的核心技术体系每个国家都是严格保密。而我国核燃料已经发展 20 多年，目前已经有 13 个建好的核电机组，每年都会产生大量的乏燃料组件，在没有掌握这项技术之前只有一个处理办法——存起来。如今，我国科学家经过多年的科研，经过反复实验，终于掌握了全套技术体系，成为世界上第 8 个拥有这项技术的国家。

这项技术的专业名称叫"动力堆／乏燃料／后处理技术"。专家介绍，核电站发电是通过核燃料在核反应堆中发生裂变反应放出能量。和火力发电站要不断加煤一样，当核燃料维持不了一定的功率时，也需要更换。这些被换下来的核燃料组件，就叫做乏燃料。乏燃料类似于火力发电站中的"煤渣"，但是如今，它已不是"煤渣"，而是一件"宝贝"。

第五章

废物利用 DIY

DIY 是英文 DoItYourself 的缩写，译为自己动手做。DIY 是一个在 20 世纪 60 年代起源于西方的概念，原本是意指不依赖或聘用专业的工匠，利用适当的工具与材料自己来进行居家住宅的修缮工作。废物是放错了地方的资源，利用这些被遗弃的资源，亲历亲为，制作一些自己用的着的物品，不仅体验到了动手的乐趣，而且还达到了省钱的目的，为社会节约了资源，这样的好事，何乐而不为呢。

易拉罐巧做门帘

工具和材料：准备废易拉罐、小钉、细线、木条和剪刀、小锤。

做法步骤：

（1）先把废罐的盖及底除去，用剪刀剪开就取得了一张张金属片，把这些金属片敲平并剪成约1.3厘米宽的长条，用钉在它的一端钉一个小洞，以便扣上一根小绳。再把金属片长条扭曲，把它们张挂起来，当金属片被风吹动时，长条便会转动，由于金属片的颜色不同，看起来便十分美观。如用绳把许多段不同颜色的金属片连接起来，就更令人眼花缭乱了。

易拉罐要先剪去底儿和盖儿

（2）为了更加美观，可以把金属片剪成大小各不相同的鱼、虾、蟹等各种水产动物形状，然后用小绳把这些"小动物"一一串起，再刷上各种不同的颜色，

最后绑在木条上张挂起来。

画报做纸珠门帘

工具步骤：先准备不用的画报或年历及回形针或22号铁丝、胶水或浆糊。

做法步骤：

（1）先把回形针扯直或把铁丝剪成 5 厘米长的小段，并将两端弯成钩状。再把画报或年历裁成底边长 3.5 厘米，高 3 厘米的等腰三角形。

（2）把裁剪好的三角形纸的底边与拗好的回形针或铁丝平行卷

图与文

为了增加美感，可在纸珠表面涂上一层光漆，即可增加光亮度，又便于擦拭灰尘。也可将回形针或铁丝弯成其他美观规则的形状。

筒，卷时须将三角形纸的底边插入弯曲的回形针或铁丝头中，尽力卷紧。卷好后用胶水粘平。这样，一个纸珠即制成。以同样方法卷制第 2 个、第 3 个……

（3）将每个纸珠两端相互钩接连成一串。连接时将一个新的回形针或铁丝的两端弯钩，分别钩接一个卷好的纸珠的一端，再将这中间的回形针或铁丝卷上三角形纸。这样，即连接好三个纸珠。仿效此法继续连接，这样，一根以一个一个纸珠相互连接成一串的长条纸珠便形成了。每根珠帘约 34 ~ 38 个纸珠，每扇门约需 30 ~ 40 根。具体要求根据门框大小、高低而定，做好后分别钉在一条细木上，然后再钉到门框上。这样，一道精美的纸珠门帘即制成。

口红做彩色指甲油

工具材料： 准备不能再用的口红、无色指甲油。

做法步骤：

（1）先用小刀把剩余的口红从口红管里分离出来。

（2）把切下来的口红碾碎，放入无色指甲油里。

（3）用棉签搅拌无色指甲油里的口红，让指甲油和口红充分搅匀，原来的透明指甲油就成了彩色指甲油。

把胶水涂在指甲上，等到指甲上的胶水干了以后，再涂抹指甲油。去除指甲油时只需将指甲油轻轻一撕，就揭下来了，省去了用洗甲油的麻烦，也不会伤害指甲。

保鲜膜芯筒做收纳架

工具材料： 废弃不用的保鲜膜芯筒、双面胶、剪刀。

做法步骤：

（1）把保鲜膜芯筒竖着从中间剪开，分成两半，把边修好。在每个剪好的半圆筒下面粘上双面胶。

（2）把剪好的半圆筒排列好，粘在抽屉里，一个收纳架就做好了。可将小物品整整齐齐地摆放好，既整齐又美观。

保鲜膜芯筒还可以做收纳化妆品的收纳架：

（1）将保鲜膜芯筒锯成高低不等的小段。

（2）取一个盛杂物的篮子，先垫一张纸，把小筒按高矮顺序整齐地排列在篮子里，将各种化妆品分门别类地插进高矮不同的小筒中，还可以加入内径稍大的手纸芯筒，用来放棉签盒和梳子之类的东西。

卫生筒芯做收藏宝盒

工具材料： 先准备好卫生筒芯1个、硬纸板、包装纸、白胶、纸条。

做法步骤：

（1）将卫生筒芯从中间剪开成两个半弧形。

（2）按所需要盒子的高度依次修剪半弧形的高度，并剪出盒身及盒盖部分。

（3）将剪好的两个半弧形中间结合硬纸板，用双面胶粘好即为盒身部分。

卫生筒芯做的收纳盒

（4）按盒底部大小裁剪合适的硬纸板，并用包装纸粘贴底部，包装纸的边缘要比硬纸板的边缘多1.5厘米～2厘米左右。

（5）将包装纸边缘多余的部分与盒身粘贴。

（6）裁剪一长方形包装纸，长度与椭圆盒子的周长一样长，底部长度与盒底相同，上部比盒身上部边缘多留出约1.5厘米～2厘米后粘贴。

废挂历做壁花花瓶

工具材料：先准备好废旧挂历或稍硬一些的纸、小夹子、图钉等。

做法步骤：

（1）把废旧挂历或稍硬一些的纸折成长25厘米、宽16厘米，再卷成圆筒，上大下小。

（2）用小夹子夹住折缝的地方，挂在室内墙上，最好是在墙角，再插上自己喜欢的花。如果怕花瓶晃动，底下可用图钉按上。这种花瓶制作起来十分简单方便，也很美观大方，尤其是在卧室和客厅，显得十分别致，而且可以随时更换。

一次性纸杯做花瓶

工具材料： 先准备好：2个一次性纸杯以及包装纸、透明胶带、裁纸刀、剪刀、胶棒、白胶。

纸杯做的花瓶

做法步骤：

（1）将一次性纸杯的底部用刀挖去。

（2）将包装纸裁剪成纸杯面大小的扇形，注意要留出比杯子的周长多大约1厘米左右的边。

（3）用透明胶带将两个杯子组合粘接。

（4）用胶棒涂抹包装纸后分别包裹好上下两个杯子，以丝带涂抹白胶粘于两个纸杯的接口处并粘好装饰花即可。

用废铁罐做的烟灰碟

工具材料： 先准备好废铁罐（身较高的铁罐）、16号铁丝及小钳子、剪刀。

做法步骤：

（1）先将已经开了口的那一方罐边的边缘除去，然后用剪刀沿罐口剪开多条剪口，每条的宽度大约为1.5厘米。剪口切不要剪到罐底，应留

下 2.5 厘米左右的空位。

（2）用小钳把各剪口向外屈曲，使成一个碟的样子。再用粗铁丝（大约 16 号）按碟子的直径做一个圆形的框，其直径应较"碟子"稍小，以便将碟口向内屈曲而把铁丝抓牢。碟口抓牢粗铁丝的方法见。

注意，由于铁罐的剪口间很锐利，容易弄损手指，因此应该刷上一层漆油，漆油同时还有美化作用。

地沟油的净化设备

硬纸壳做 CD 架

工具材料： 先准备好：宽度超过 30 厘米的旧硬纸壳及钢针、裁纸刀、尺子、笔。

做法步骤：

（1）纸壳取中点，左右各取 11 厘米，顶上留白，画出顶线，注意格子要取单数。

（2）沿横线将纸壳裁开，翻过纸壳把线画透。

（3）每隔一个把横格从正面沿中线向里面推。

（4）用钢针穿起 CD 架的四个角，再套上橡皮筋固定，加上装饰即可使用，前后均可装 CD。

铁丝、软管做方便衣架

工具材料： 准备好 1.2 米长的软管及直径略小的铁丝、剪刀等。

做法步骤：

（1）将铁丝穿进软管内。

（2）将塞有铁丝的软管弯出一个弧度，即成衣架的上横梁。

（3）再剪一根长 50 厘米左右的软管，做衣架的下横梁。用绳子将上横梁和下横梁两端系在一起，就做成了衣架的主体结构。

> **图与文**
>
> 方便衣架很方便，很实用，等衣服晾干了，只要轻轻拽一下上面的绳子，上横梁弯曲的弧度增大，衣服就落下来了。

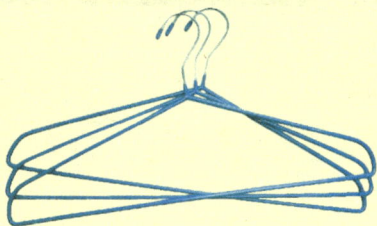

（4）在上横梁中点处系一根小绳，挂上 S 钩。

（5）再找一根绳子系在下横梁上。

旧被面做香味抱枕

工具材料： 准备好：旧被面、抱枕内芯 1 个、挂饰 1 包、钉子、扣针、绳子 2 条。另外，要准备好剪刀、画粉、双面胶、圆规、窝钉机工具。

做法步骤：

（1）将旧被面按照尺码裁出。

（2）在布面的一端贴上双面胶纸，然后复合并贴好，用窝钉机在两边

的双面胶纸上平均地打上钉（约每隔3厘米打一个）。

（3）用圆规在布面上画出四个绳纽的大小，将绳子绑紧在绳纽上，作为抱枕的袋口。

（4）用扣针将挂饰扣牢在抱枕面，将抱枕套反转，套入抱枕芯，再塞进去一些清新的干燥植物或香料并滴进纯精油。或者可以先将精油滴在干燥花上，再把植物放到香囊里，静置一晚，植物就会吸收所有的精油。可以根据枕头和囊袋的大小及所喜欢香气的浓淡，来决定将使用多少滴精油。

旧衣服改造 DYJ

■牛仔服用来做包

选没有接缝的地方，剪下两块，先对接缝成个圆桶，再把底部缝上。然后剪两根5厘米宽、30厘米长的带子，分别缝成两指宽的包带，包带可以钉在包口，也可以钉在包外面，最后用小物品加以装饰。如果不喜欢圆桶样式，可以做成自己喜欢的形状。用这样的包购物，既好看又环保。

用牛仔服改制的挎包

■套头衫用来做收纳包

剪掉套头衫的袖子和领子，把有洞的地方缝起来，再钉上带子就成了一个包，可以放换季的衣服或裤子。

■棉质衣服用来做抹布

把棉质衣服剪出需要的大小，厚的将1～2层缝到一起，薄的用4层缝，再在角上钉上一根绳子，不用的时候挂起来，可以用来清洁家具。

■裤子用来做门垫

把裤子沿缝剪成长方形，在四片布的中间垫上夹层，然后缝合好，放在门口做门垫。

■领子用来做发带

把内衣和羊毛衫的领子剪下来，可以做发带。如果大了就去掉一节再缝上。两个袖口接在一起也可以做一个发带。

■袖子用来做护袖

将袖子剪下需要的长度，在两头缝上松紧带就成了一个护袖。

■做宝宝的尿垫

选厚实的、大块的、吸水性、透气性好的布给宝宝做尿垫，记得有接缝的地方要拆开，中间夹些毛衣或是片状的秋衣、秋裤，然后再缝结实。注意接触皮肤的一面要用棉质、柔润的衣料。

■做宝宝的围兜

围兜的形状有月牙形的和方形的，月牙形的在两头缝两根带子，系在宝宝的脖子上。方形的可以在四个角上缝四根带子，两根系在脖子上，两根从宝宝的腋下系在身后。